제과제빵
실기특강

—

월간 파티시에 **저**

2024~25년 변경사항 제과제빵·산업기사 전격 수록

BnCworld

제과제빵
실기특강

저자　　　월간 파티시에
발행인　　장상원
편집인　　이명원

신개정판 3쇄　2024년 5월 1일

발행처　　(주)비앤씨월드
　　　　　　출판등록 1994. 1. 21. 제16-818호
　　　　　　주소 서울시 강남구 선릉로132길 3-6 서원빌딩 3층
　　　　　　전화 (02)547-5233　　팩스 (02)549-5235

ISBN　　　978-89-88274-27-9　　93590

책 머리에

빵·과자류가 주식의 개념으로 확대 보급됨에 따라 제과제빵기능검정에 대한 관심이 날로 높아지고 있습니다. 특히 이를 교육하는 기관들이 최근 급증하고 있어 앞으로 더욱 많은 사람들의 관심과 참여가 기대되고 있습니다. 따라서 그 어느 때보다 체계적인 실습용 교재에 대한 필요성이 절실하게 요구되고 있는 실정입니다.

본서 『제과제빵 실기특강』은 이러한 요구에 부응하기 위해 기획되었으며, 기존의 제과제빵기능검정 실기시험용 교재들과는 달리 본격적인 실습 교육용 교재로서의 활용을 염두에 두고 만들어졌습니다. 본서가 지닌 특징을 요약하면 다음과 같습니다.

우선, 기능검정 실기시험을 대비할 수 있도록 했습니다. 현재 한국산업인력관리공단이 2023년도 1월부터 새롭게 적용되는 실기시험의 품목은 제빵실기 20가지, 제과실기 20가지, 제과제빵 산업기사 2품목 등 총 42가지 품목입니다. 본서에서는 새로운 공개문제와 출제기준은 물론, 2023년도 변경사항까지 충실히 반영하였으며, 각 출제품목에 대한 재료계량에서부터 각 공정별 감점 요인에 이르기까지 포인트별로 세심한 주석을 달아 제품 제법에 대한 완전한 이해를 돕도록 했습니다.

또한, 실제 작업현장에서 요구되는 실기능력을 배양할 수 있도록 구성했습니다. 실기시험 출제품목은 기본적인 실기능력 여부를 테스트하기 위한 것이어서 실제 현장에서 요구되는 제과제빵의 기본적인 테크닉을 완성하기에는 미흡한 점이 있는 게 사실입니다. 따라서 출제품목 이외에 전문가의 의견을 수렴해서 뽑은 120여 가지 다양한 기본제품들을 더 추가하고, 각종 데커레이션 테크닉까지 보충함으로써 제과·제빵의 전반적 기술능력을 향상시킬 수 있도록 했습니다.

이밖에 실습현장에서 꼭 필요로 하는 제과제빵이론과 국가직무능력표준(NCS)까지 별도로 다뤄줌으로써 제품의 제조이론과 실무적 지식을 쉽게 습득할 수 있도록 했습니다.

이상과 같이 체계적인 실습용 교재로서의 활용을 염두에 두고 탄생된 본서가 아무쪼록 효과적으로 활용되어 시험을 대비하는 응시생들께 조금이나마 보탬이 되었으면 합니다.

본서가 나오기까지 내용을 검토하고 오류를 정정해주신 일선 교육기관 선생님들과, 그 동안 원고를 제공해 주신 분들, 그리고 휴일을 마다하지 않고 제품 공정 촬영에 협조해 주신 관련 학원 선생님께 깊은 감사의 말씀을 드립니다. 아무쪼록 제과제빵기능검정을 준비하는 모든 분들의 건투와 행운을 빕니다.

발행인 장상원

CONTENTS

제빵편

식빵류

* 식빵 (비상스트레이트법) ······· 32
* 우유식빵 ······· 34
  건포도식빵 ······· 36
* 옥수수식빵 ······· 38
* 호밀빵 ······· 40
* 풀만식빵 ······· 42
* 버터톱식빵 ······· 44
* 버터롤 ······· 46
* 밤식빵 ······· 48
* 쌀식빵 ······· 50
  페이스트리식빵 ······· 52

단과자빵류

* 단과자빵(트위스트형) ······· 54
* 소보로빵 ······· 56
* 크림빵 ······· 58
* 스위트 롤 ······· 60
  햄버거빵 ······· 62
* 단팥빵(비상스트레이트법) ······· 64
* 모카빵 ······· 66
  생크림식빵 ······· 68
  시너먼 롤 ······· 69
  버터크림빵 ······· 70
  멜론빵 ······· 72

하드계빵류

  프랑스빵 ······· 74
  더치빵 ······· 76
  하드롤 ······· 78
  마늘바게트 ······· 80
  류스틱 ······· 82
  치즈 로즈마리 빵 ······· 83
  카이저젬멜 ······· 84
  프루츠 브레드 ······· 85

도넛류

* 빵도넛 ······· 86
  크로켓 ······· 88
  소시지도넛 ······· 90
  앙금도넛 ······· 91

조리빵류

* 소시지빵 ······· 92

피자 ······· 94
쿠페 ······· 96
야채모닝롤 ······· 98
피자 파니니 ······· 100

특수빵류

⊕ 잉글리시 머핀 ······· 102
* 베이글 ······· 104
* 그리시니 ······· 106
* 통밀빵 ······· 108
  브레첼 ······· 110
  브리오슈 ······· 112
  네덜란드빵 ······· 114
  슈톨렌 ······· 115
  파네토네 ······· 116
  포카치아 ······· 117
  치아바타 ······· 118
  북구빵 ······· 120
  사바랭 ······· 121

페이스트리류

  데니시 페이스트리 ······· 122
  데니시식빵 ······· 125
  크루아상 ······· 126
  데니시꽈배기도넛 ······· 128

제과편

거품형 케이크류

⊕ 아몬드 제누아즈 ······· 130
* 시퐁 케이크 ······· 132
* 젤리 롤 케이크 ······· 134
* 소프트 롤 케이크 ······· 136
* 초코 롤 케이크 ······· 138
* 흑미 롤 케이크 ······· 140
* 버터 스펀지 케이크(공립법) ······· 142
* 버터 스펀지 케이크(별립법) ······· 144
  에인젤 푸드 케이크 ······· 145
  멥쌀 스펀지 케이크 ······· 146
  오믈렛 ······· 148
  나가사키 카스텔라 ······· 150
  옥수수 머핀 ······· 151
  부셰 ······· 152
  카르디날 슈니텐 ······· 153
* 치즈 케이크 ······· 154
  자허토르테 ······· 156

◉ 표시된 품목은 제과·제빵산업기사 실기 검정 품목임
* 표시된 품목은 제과·제빵기능사 실기 검정 품목임

반죽형 케이크류

* 파운드 케이크 ·················· 158
데블스 푸드 케이크 ·············· 160
옐로 레이어 케이크 ·············· 162
* 과일 케이크 ·················· 164
* 마데라 컵케이크 ·············· 166
* 초코머핀(초코 컵케이크) ········ 168
* 브라우니 ···················· 170
화이트 레이어 케이크 ············ 172
초콜릿 케이크 ·················· 174
케이크 도넛 ···················· 176
바움쿠헨 ······················ 178
구겔호프 ······················ 180
초콜릿 파운드 케이크 ············ 181
마블 파운드 케이크 ·············· 182
모카롤 ························ 183

기념 케이크류

버터 케이크 ···················· 184
생크림 케이크 ·················· 185

구움과자류

* 다쿠아즈 ···················· 186
* 마들렌 ······················ 188
갈레트 ························ 190
피낭시에 ······················ 191
프티 케크 오 쇼콜라 ············ 192

슈류

* 슈 ·························· 194
에클레르 ······················ 196

쿠키류

* 버터 쿠키 ···················· 198
* 쇼트 브레드 쿠키 ·············· 200
마카롱 쿠키 ···················· 202
핑거 쿠키 ······················ 204
모자이크 쿠키 ·················· 206
오렌지 쿠키 ···················· 208
아몬드 튀일 ···················· 209

냉과류

무스 오 쇼콜라 ·················· 210
캐러멜 커스터드 푸딩 ············ 212
딸기무스 ······················ 214
오렌지 바바루아 ················ 216

파이류

퍼프 페이스트리 ················ 218
사과 파이 ······················ 220
* 타르트 ······················ 222
피칸 파이 ······················ 224
타르트 오 푸아르 ················ 225
밀푀유 ························ 226
팔미에 ························ 228
리프 파이 ······················ 229
* 호두파이 ···················· 230

기타 과자류

밤과자 ························ 232
찹쌀도넛 ······················ 234
찜 케이크 ······················ 236
두부 스낵 ······················ 237
스콘 ·························· 238
럼 트뤼프 ······················ 239
몰딩 초콜릿 ···················· 240
그레이프 프루츠 젤리 ············ 242

케이크데커레이션편

제1장 케이크데커레이션 재료

1. 크림류 ······················ 245
2. 머랭류 ······················ 248
3. 기타 아이싱 재료 ·············· 249
4. 초콜릿 ······················ 250
5. 마지팬 ······················ 254
6. 슈 ·························· 255
7. 기타 공예용 반죽 ·············· 256

제2장 케이크데커레이션 실기

종이 짤주머니 만드는 법 ·········· 258
모양깍지를 이용한 테크닉 ········ 259
꽃짜기와 꽃 만들기 ·············· 265
초콜릿 데커레이션 ·············· 271
기타 아트 파이핑 ················ 275
마지팬 공예 ···················· 277
슈 조형물 ······················ 281

부록 I. 선과 문양을 이용한 데커레이션 연습 ······ 282
부록 II. NCS(국가직무능력표준) ········ 296

제빵산업기사 실기검정 취득 길라잡이

1. 출제가이드

① **배합표** 작업 지시서 및 배합표 점검
② **재료 계량** 계량시간(숙련도), 재료손실 최소화, 계량정확도
③ **반죽** 혼합순서, 발전상태, 반죽온도 조절, 반죽의 되기
④ **발효** 발효실 관리, 온도 및 습도, 발효점
⑤ **성형** 숙련도 및 정확성, 분할·둥글리기, 중간발효, 성형, 팬닝, 팬닝량 계산능력
⑥ **2차 발효** 발효실 관리, 온도 및 습도, 발효점
⑦ **굽기** 온도, 시간, 오븐관리, 오븐조작

2. 실기품목(총 1품목)

제품명	시험시간	본 책의 페이지
잉글리시 머핀	3시간 20분	102

※ 시험시간은 추후 확인

제과산업기사 실기검정 취득 길라잡이

1. 출제가이드

① **배합표** 작업 지시서 및 배합표 점검
② **재료평량** 계량시간(숙련도), 재료손실 최소화, 계량정확도
③ **믹싱방법** 기계조작, 혼합(믹싱)순서 및 믹싱시간의 적합성, 반죽상태
④ **반죽온도 조절** 반죽 온도의 적합성, 마찰계수 산출, 사용할(계산된) 물 온도산출, 얼음사용량 산출
⑤ **반죽비중 측정** 반죽비중 측정방법, 반죽비중 결과(주어진 범위 이내)
⑥ **반죽채우기(팬닝)** 팬닝량 적합성(적당량), 숙련도
⑦ **성형** 모양 및 시간정확도(성형중량 및 크기)
⑧ **굽기** 오븐조작, 구워진 상태 및 굽기원리
⑨ **튀김** 튀김기 조작 적합성, 튀겨진 상태 및 튀김원리

2. 실기품목(총 1품목)

제품명	시험시간	본 책의 페이지
아몬드 제누아즈	2시간	130

※ 시험시간은 추후 확인

제빵기능사 실기검정 취득 길라잡이

1. 출제가이드

- ① **배합표** 작업 지시서 및 배합표 점검
- ② **재료 계량** 계량시간(숙련도), 재료손실 최소화, 계량정확도
- ③ **반죽** 혼합순서, 발전상태, 반죽온도 조절, 반죽의 되기
- ④ **발효** 발효실 관리, 온도 및 습도, 발효점
- ⑤ **성형** 숙련도 및 정확성, 분할·둥글리기, 중간발효, 성형, 팬닝, 팬닝량 계산능력
- ⑥ **2차 발효** 발효실 관리, 온도 및 습도, 발효점
- ⑦ **굽기** 온도, 시간, 오븐관리, 오븐조작

2. 실기품목(총 20품목)

제품명	시험시간	본 책의 페이지
식빵(비상스트레이트법)	2시간 40분	32
우유식빵	3시간 40분	34
옥수수식빵	3시간 40분	38
호밀빵	3시간 30분	40
풀만식빵	3시간 40분	42
버터톱식빵	3시간 30분	44
버터롤	3시간 30분	46
밤식빵	3시간 40분	48
쌀식빵	4시간	50
단과자빵(트위스트형)	3시간 30분	54
소보로빵	3시간 30분	56
크림빵	3시간 30분	58
스위트 롤	3시간 30분	60
단팥빵(비상스트레이트법)	3시간	64
모카빵	3시간 30분	66
빵도넛	3시간	86
소시지빵	3시간 30분	92
베이글	3시간 30분	104
그리시니	2시간 30분	106
통밀빵	3시간 30분	108

3. 주의사항

⓵ 배합표 작성 제한시간을 꼭 지킨다.

⓶ 재료계량
제한시간을 꼭 지킨다. 각 재료를 정확히 계량해 진열대 위에 따로따로 늘어놓는다
(계량대, 재료대, 통로에 재료를 흘리지 않도록 조심한다).

⓷ 반죽만들기
요구사항에서 제시한 방법에 따라 반죽한다
(자세한 내용은 각 제품별 실기공정에서 확인).

⓸ 1차 발효
각 제품의 특성에 알맞은 조건에서 발효시킨다
(자세한 내용은 각 제품별 실기공정에서 확인).

⓹ 분할하기
요구사항에서 제시한 대로 분할한다. 가능한 한 빨리 분할하고,
대강의 무게를 어림해 한두 번의 가감으로 마무리 짓는다.

⓺ 둥글리기 반죽 표면이 매끄럽도록 둥글린다.

⓻ 중간 발효
10~20분 동안 발효시킨다. 그동안 표면이 마르지 않도록 한다.

⓼ 성형
알맞은 모양으로 성형한 다음 표면을 매끄럽게 다듬는다. 덧가루를 털어낸다.

⓽ 팬닝
틀이나 철판에 기름을 칠한다. 성형 반죽의 이음매가 틀 바닥에 닿도록 하고,
일정한 간격을 두고 늘어놓는다.

⓾ 2차 발효
각 제품의 특성에 알맞은 조건에서 발효시킨다. 반죽의 가스 보유력이 최대인 상태에서 그친다.

⑪ 굽기
오븐의 위치에 따라 온도차가 생기므로 제때에 팬의 자리를 바꾼다.
전체적으로 고루 잘 익고, 껍질색이 황금갈색을 띠도록 온도와 시간을 관리한다.

⑫ 뒷정리, 개인위생
한 번 쓴 기구와 작업대는 물론 주위를 깨끗이 치우고 청소한다.
깨끗한 위생복을 입고 위생모를 쓴다. 손톱과 머리를 단정하고 청결히 유지한다.

⑬ 제품평가
① 부피 분할무게와 비교해 부피가 알맞아야 한다.
② 균형 찌그러짐이 없고 균형잡힌 모양이어야 한다.
③ 껍질 부드럽고 색깔이 고르며, 반점과 줄무늬가 없어야 한다.
④ 속결 기공과 조직의 크기가 고르고, 부드러우며, 밝은 색을 띠어야 한다.
⑤ 맛과 향 부드러운 맛과 은은한 향이 나야 한다. 탄냄새나 익지 않은 생재료 맛이 나서는 안 된다.

제과기능사 실기검정 취득 길라잡이

1. 출제가이드

- ① **배합표** 작업 지시서 및 배합표 점검
- ② **재료평량** 계량시간(숙련도), 재료손실 최소화, 계량정확도
- ③ **믹싱방법** 기계조작, 혼합(믹싱)순서 및 믹싱시간의 적합성, 반죽상태
- ④ **반죽온도 조절** 반죽 온도의 적합성, 마찰계수 산출, 사용할(계산된) 물 온도산출, 얼음사용량 산출
- ⑤ **반죽비중 측정** 반죽비중 측정방법, 반죽비중 결과(주어진 범위 이내)
- ⑥ **반죽채우기(팬닝)** 팬닝량 적합성(적당량), 숙련도
- ⑦ **성형** 모양 및 시간정확도(성형중량 및 크기)
- ⑧ **굽기** 오븐조작, 구워진 상태 및 굽기원리
- ⑨ **튀김** 튀김기 조작 적합성, 튀겨진 상태 및 튀김원리

2. 실기품목(총 20품목)

제품명	시험시간	본 책의 페이지
시폰 케이크(시폰법)	1시간 40분	132
젤리 롤 케이크	1시간 30분	134
소프트 롤 케이크	1시간 50분	136
초코 롤 케이크	1시간 50분	138
흑미 롤 케이크	1시간 50분	140
버터 스펀지 케이크(공립법)	1시간 50분	142
버터 스펀지 케이크(별립법)	1시간 50분	144
치즈 케이크	2시간 30분	154
파운드 케이크	2시간 30분	158
과일 케이크	2시간 30분	164
마데라 컵케이크	2시간	166
초코머핀	1시간 50분	168
브라우니	1시간 50분	170
다쿠아즈	1시간 50분	186
마들렌	1시간 50분	188
슈	2시간	194
버터 쿠키	2시간	198
쇼트 브레드 쿠키	2시간	200
타르트	2시간 20분	222
호두파이	2시간 30분	230

3. 주의사항

⑴ 배합표 작성

제한시간을 꼭 지킨다.

⑵ 재료의 계량

제한시간을 꼭 지킨다. 각 재료를 정확히 계량해 진열대 위에 따로따로 늘어놓는다
(계량대, 재료대, 통로에 재료를 흘리지 않도록 조심한다).

⑶ 반죽만들기

요구사항에서 제시한 방법에 따라 반죽한다
(자세한 내용은 각 제품별 실기공정에 실었음).

⑷ 성형, 팬닝

① 틀에 채우기

반죽을 만드는 동안, 즉 믹서 돌아가는 시간에 미리 틀에 기름칠을 하거나 베이킹시트를 깔아 둔다.
제품의 특성상 기름기 없는 틀에 유산지를 깔기도 한다.
주어진 틀의 부피에 알맞은 반죽량을 조절해 틀에 채운다.
이때 반죽의 손실을 최소로 하며, 가능한한 반죽의 윗면을 평평하게 고르고 기포를 꺼뜨린다.

② 짜내기

짤주머니에 반죽을 채우고, 철판에 기름종이를 깔거나 기름칠을 한 뒤
지름, 두께, 간격을 일정하게 맞추어 짜낸다. 이때 반죽의 손실을 최소로 하는 데 주의한다.

③ 찍어내기

원하는 모양과 크기에 알맞은 두께로, 모서리가 직각을 이루도록 밀어편다.
형틀이나 칼을 이용해 모양을 뜬다.
자투리 반죽이 많이 생기지 않게 하고 덧가루를 털어낸다.

⑸ 굽기

각 제품의 특성에 알맞은 조건에서 굽는다.
오븐의 앞과 뒤, 가장자리와 중앙이 온도차를 보이면 제때 꺼내 틀의 위치를 바꾸고 굽는다.
완전히 굽는다. 너무 오래 구워 건조해지거나, 타고 설익은 부분이 있어서는 안 된다.

⑹ 뒷정리, 개인위생

한 번 사용한 기구와 작업대는 물론 주위를 깨끗이 치우고 청소한다.
깨끗한 위생복을 입고 위생모를 쓴다.
손톱과 머리를 단정하고 청결히 유지한다.

⑺ 제품평가

① 부피

전체 크기와 부풀림이 알맞은 비율이다.

② 균형감

어느 한쪽이 찌그러지거나 솟지 않고, 대칭을 이루어야 한다.

③ 껍질

먹음직스러운 색을 띠고, 옆면과 바닥에도 구운 색이 들어야 한다.

④ 속결

기공과 조직이 균일하다. 기공이 크거나 조밀하지 않아야 한다.

⑤ 맛과 향

각 제품 특유의 맛과 향이 난다. 끈적거리거나 탄냄새, 익지 않은 생재료의 맛이 나서는 안 된다.

제과제빵기능사 국가기능검정 **시험 안내사항**

1. 개요

제과제빵에 관한 숙련기능을 가지고 제과와 관련되는 업무를 수행할 수 있는 능력을 가진
전문인력을 양성하고자 자격제도 제정
- **시행처** : 한국산업인력공단
- **시행처 홈페이지** : www.q-net.or.kr

	필기	실기	비고
시험과목	과자류, 빵류 재료, 제조 및 위생 관리	제과제빵 실무	
검정방법	객관식 4지 택일형, 60문항(60분)	작업형(2~4시간 정도)	
합격기준	100점 만점에 60점 이상		국가직무능력표준 (NCS)을 활용하여 현장직무중심으로 개편
응시자격	**제과제빵산업기사** 관련학과 전문대 졸업자 및 졸업예정자 기능사 자격 취득 후 1년 이상 현장 근무자 해당 교육기관에서 소정의 과정을 이수한 자		
	제과제빵기능사 자격제한 없음		

2. 응시 절차

1	**필기 원서접수**	큐넷 홈페이지(www.q-net.or.kr)에 로그인 한 후 세부내용 확인하고 필기 접수기간 내 수험원서 온라인(인터넷, 모바일앱) 제출
		사진(6개월 이내 촬영한 3×4㎝ 칼라사진, 상반신 정면, 탈모, 무배경), 수수료 전자결제
		시험장소 본인 선택(선착순)
2	**필기시험**	수험표, 신분증, 컴퓨터 기반 시험(CBT)
3	**합격자 발표**	온라인 합격 확인(마이페이지 등)
4	**실기 원서접수**	큐넷 홈페이지(www.q-net.or.kr)에 로그인 한 후 세부내용 확인하고 실기 접수기간 내 수험원서 온라인(인터넷, 모바일앱) 제출
		사진(6개월 이내 촬영한 3×4㎝ 칼라사진, 상반신 정면, 탈모, 무배경), 수수료 전자결제
		시험 일시, 장소, 본인 선택(선착순)
5	**실기시험**	수험표, 신분증, 필기구 지참
6	**최종 합격자 발표**	온라인 합격 확인(마이페이지 등)
7	**자격증 발급**	(인터넷)공인인증 등을 통한 발급, 택배 가능
		(방문수령)여권규격사진 및 신분확인서류

3. 수험자 지참 준비물 목록(실기)

번호	재료명	규격	단위	수량	비고
1	계산기	계산용	ea	1	
2	고무주걱	중	ea	1	제과용
3	국자	소	ea	1	
4	나무주걱	제과용, 중형	ea	1	제과용
5	마스크	일반용	ea	1	미착용 시 실격
6	보자기	면(60*60cm)	장	1	
7	분무기		ea	1	
8	붓		ea	1	제과용
9	스쿱	재료계량용	ea	1	재료계량 용도의 소도구 지참(스쿱, 계량컵, 주걱, 국자, 쟁반, 기타 용기 등 사용가능)
10	실리콘페이퍼(제과)	테프론시트	기타	1	수험생 선택사항
11	오븐장갑	제과제빵용	켤레	1	
12	온도계	제과제빵용	ea	1	유리제품 제외
13	용기(스텐 또는 플라스틱)	소형	ea	1	스테인리스볼, 플라스틱용기 등 필요 시 지참(수량 제한 없음)
14	위생모	흰색	ea	1	미착용 시 실격. 기관 및 성명표식이 없는 것.
15	위생복	흰색(상하의)	벌	1	미착용 시 실격. 기관 및 성명표식이 없는 것
16	자	문방구용(30~50cm)	ea	1	
17	작업화		ea	1	위생화 또는 작업화. 기관 및 성명 등의 표식이 없는 것
18	저울	조리용	대	1	시험장에 저울 구비되어 있음. 수험자 선택사항으로 개인용 필요 시 지참. 측정단위 1g 또는 2g. 크기 및 색깔 등의 제한 없음. 제과용 및 조리용으로 적합한 저울일 것
19	주걱	제빵용, 소형	ea	1	제빵용
20	짤주머니(필수지참)		ea	1	별, 원형, 납작톱니 모양이 구비되어 있으나 수험생 별도 지참도 가능
21	칼	조리용	ea	1	
22	필러칼(제과)	조리용	ea	1	사과파이 제조 시 껍질 벗기는 용도. 필요시 지참
23	행주	면	ea	1	
24	흑색 볼펜	사무용	ea	1	

4. 위생 세부 기준 상세 안내

순번	구분	세부 기준
1	위생복	• 상의 – 전체 흰색. 기관 및 성명 등의 표식이 없을 것. 팔꿈치가 덮이는 길이 이상의 7부·9부·긴소매(수험자 필요에 따라 흰색 팔토시 가능) 　　　　– 상의 여밈은 위생복에 부착된 것이어야 하며, 벨크로(일명 찍찍이), 위생복 단추 등의 크기, 색상, 모양, 재질은 제한하지 않음(단, 금속성 부착물·뱃지, 핀 등은 금지). 팔꿈치 길이보다 짧은 소매는 작업 안전상 금지 　　　　– 부직포, 비닐 등 화재에 취약한 재질 금지 • 하의(앞치마) – 「흰색 긴바지 위생복」 또는 「(색상 무관)평상복 긴바지 + 흰색 앞치마」 　　– 흰색 앞치마 착용 시, 앞치마 길이는 무릎 아래까지 덮이는 길이일 것 　　– 평상복 긴바지의 색상·재질은 제한이 없으나, 부직포·비닐 등 화재에 취약한 재질이 아닐 것. '반바지·짧은 치마·폭넓은 바지' 등 안전과 작업에 방해가 되는 복장은 금지
2	위생모	• 전체 흰색. 기관 및 성명 등의 표식이 없을 것 • 빈틈이 없고, 일반 제과점에서 통용되는 위생모(크기 및 길이, 재질은 제한 없음) 　– 흰색 머릿수건(손수건)은 머리카락 및 이물에 의한 오염 방지를 위해 착용 금지

[위생복, 위생모 착용에 대한 채점 기준]
- **실격(채점 대상 제외)** 미착용, 평상복(흰티셔츠 등), 패션모자(흰털모자, 비니, 야구모자 등)
- **기준 부적합(위생 0점)** ① 제과용·식품가공용 위생복이 아닌 경우(화재에 취약한 재질 및 실험복 형태의 영양사·실험용 가운은 위생 0점) ② (일부)유색, 표식이 가려지지 않은 경우 ③ 반바지, 치마 등 ④ 위생모가 뚫려있어 머리카락이 보이거나, 수건 등으로 감싸 바느질 마감처리가 되어있지 않고 풀어지기 쉬워 일반 제과제빵 작업용으로 부적합한 경우 등 ⑤ 위생복의 개인 표식(이름·소속)은 테이프로 가릴 것 ⑥ 제과제빵·조리 도구에 이물질(예,테이프) 부착 금지 * 반드시 특수 표식이나 무늬, 그림이 없는 흰색 위생복 착용

3	마스크	• 미착용 시 실격(채점 대상 제외) • 침액 오염 방지용으로, 종류는 제한하지 않음.(단, 감염병 예방법에 따라 마스크 착용 의무화 기간에는 '투명 위생 플라스틱 입가리개'는 마스크 착용으로 인정하지 않음)
4	위생화 또는 작업화	• 기준 부적합(위생 0점)　• 색상 무관, 기관 및 성명 등의 표식이 없을 것 • 조리화, 위생화, 작업화, 운동화 등 가능(단, 발가락, 발등, 발뒤꿈치가 모두 덮일 것) • 미끄러짐 및 화상의 위험이 있는 슬리퍼류, 작업에 방해가 되는 굽이 높은 구두, 속 굽 있는 운동화가 아닐 것
5	장신구	• 기준 부적합(위생 0점)　• 일체의 개인용 장신구 착용 금지(단, 위생모 고정을 위한 머리핀은 허용) • 손목시계, 반지, 귀걸이, 목걸이, 팔찌 등 이물, 교차오염 등의 식품위생을 위해 장신구는 착용하지 않을 것
6	두발	• 기준 부적합(위생 0점)　• 단정하고 청결할 것 • 머리카락이 길 경우, 머리카락이 흘러내리지 않도록 단정히 묶거나 머리망 착용할 것
7	손/손톱	• 기준 부적합(위생 0점) • 손에 상처가 없어야하나, 상처가 있을 경우 보이지 않도록 할 것(시험위원 확인 하에 추가 조치 가능) • 손톱은 길지 않고 청결하며 매니큐어, 인조손톱 등을 부착하지 않을 것
8	위생관리	• 기준 부적합(위생 0점)　• 재료, 조리기구 등 조리에 사용되는 모든 것은 위생적으로 처리하여야 하며, 제과제빵용으로 적합한 것일 것
9	안전사고 발생처리	• 칼 사용(손 빔) 등으로 안전사고 발생 시 응급조치를 하여야 하며, 응급조치에도 지혈이 되지 않을 경우 시험 진행 불가

※ 일반적인 개인위생, 식품위생, 작업장 위생, 안전관리를 준수하지 않을 경우 감점 처리 될 수 있습니다.
※ 시험장 내 모든 개인물품에는 기관 및 성명 등의 표시가 없어야 합니다.

5. 수험자 유의사항 안내

① 항목별 배점은 제조공정 55점, 제품평가 45점이며, 요구사항 외의 제조방법 및 채점기준은 비공개입니다.

② 시험시간은 재료 전처리 및 계량시간, 제조, 정리정돈 등 모든 작업과정이 포함된 시간입니다(감독위원의 계량확인 시간은 시험시간에서 제외).

③ 수험자 인적사항은 검은색 필기구만 사용하여야 합니다. 그 외 연필류, 유색 필기구, 지워지는 펜 등은 사용이 금지됩니다.

④ 시험 전과정 위생수칙을 준수하고 안전사고 예방에 유의합니다.
- 시작 전 간단한 가벼운 몸 풀기(스트레칭) 운동을 실시한 후 시험을 시작하십시오.
- 위생복장의 상태 및 개인위생(장신구, 두발·손톱의 청결 상태, 손씻기 등)의 불량 및 정리 정돈 미흡 시 위생항목 감점처리됩니다.

⑤ 다음 사항은 실격에 해당하여 채점 대상에서 제외됩니다.
- 수험자 본인이 수험 도중 시험에 대한 포기 의사를 표현하는 경우
- 위생복 상의, 위생복 하의(또는 앞치마), 위생모, 마스크 중 1개라도 착용하지 않은 경우
- 시험시간 내에 작품을 제출하지 못한 경우
- 수량, 모양, 반죽 제조법(공립법을 별립법으로 하는 등)을 준수하지 않았을 경우
  - 지정된 수량 초과, 과다 생산의 경우는 총점에서 10점을 감점합니다.
  - 수량은 시험장 팬의 크기 등에 따라 감독위원이 조정하여 지정할 수 있으며, 잔여 반죽은 감독위원의 지시에 따라 별도로 제출하시오(단, 'ㅇ개 이상'으로 표기된 과제는 제외합니다).
  - 반죽 제조법(공립법, 별립법, 시퐁법 등)을 준수하지 않은 경우는 제조공정에서 반죽 제조 항목(과제별 배점 5~6점 정도)을 0점 처리하고, 총점에서 10점을 추가 감점합니다.
- 상품성이 없을 정도로 타거나 익지 않은 경우
- 지급된 재료 이외의 재료를 사용한 경우
- 시험 중 시설·장비의 조작 또는 재료의 취급이 미숙하여 위해를 일으킬 것으로 감독위원 전원이 합의하여 판단한 경우

⑥ 의문 사항이 있으면 감독위원에게 문의하고, 감독위원의 지시에 따릅니다.

6. 특이사항

① 시험장의 저울을 사용하거나, 수험자가 개별로 지참한 저울을 사용하여 계량합니다. 시험장별 재료 계량용 저울의 눈금 표기가 상이하여(짝수/홀수), 배합표의 표기를 "홀수(짝수)" 또는 "소수점(정수)"의 형태로 병행 표기하여 기재합니다. 시험장의 저울 눈금표시 단위에 맞추어 시험장 감독위원의 지시에 따라 올림 또는 내림으로 계량할 수 있음을 참고하시기 바랍니다.

② 제과기능사, 제빵기능사 실기시험의 전체 과제는 '반죽기(믹서) 사용 또는 수작업 반죽(믹싱)'이 모두 가능함을 참고하시기 바랍니다(마데라컵케이크, 초코머핀 등의 과제는 수험자 선택에 따라 수작업 믹싱도 가능).

③ 배합표에 비율(%) 60~65, 무게(g) 600~650 과 같이 표기된 과제는 반죽의 상태에 따라 수험자가 물의 양을 조정하여 제조합니다.

④ 시험장에는 공용시계가 구비되어 있으며, 시험시간의 종료는 공용시계를 기준으로 합니다. (수험자 개인의 시계, 타이머 사용시 유의사항: 손목시계 착용 시 위생감점, 탁상용 시계가 재료 및 도구와 접촉시키는 등 비위생적으로 관리할 경우 위생부분 감점, 타이머의 소리알람(진동)은 "무음 및 무진동"으로 설정, 소리알람(진동)으로 시험진행에 방해가 될 경우, 사용 금지시킬 수 있음)

제빵이론
Breadmaking Theory

빵은 밀가루, 물, 소금, 이스트를 주재료로 제품에 따라 당류, 달걀, 유제품, 그 밖의 부재료를 섞은 반죽을 발효시켜 구운 것이다. 반죽에 사용되는 기본 재료와 굽는 방법에 따라 수많은 종류의 빵들이 있다. 주로 굽지만 찌거나 튀기기도 한다. 크림, 앙금, 고기, 채소 등을 넣어 만들기도 한다.

제빵법

제빵법은 나누는 방법에 따라 여러 가지로 분류할 수 있으나, 일반 베이커리에서 사용하는 제빵법 중 가장 기본이 되는 것은 스트레이트법(직접반죽법)과 스펀지 도우법(중종법), 이를 변형한 비상반죽법이다.

01
스트레이트법
(직접반죽법)

배합상의 재료를 한 번에 넣고 반죽(믹싱)한 후 발효시켜 빵을 만드는 방법이다. 상업용 이스트의 발견으로 일반화되기 시작했으며 다른 제빵법에 비해 간단하고 시간과 노력이 적게 들어 상업적 목적에 우수하다. 초보자가 쉽게 사용하기 좋은 방법이다. 식빵을 비롯해 일반적인 빵에 폭넓게 사용된다.

종류 – 표준스트레이트법, 비상스트레이트법, 재반죽법,
　　　　노타임반죽법, 후염법 등

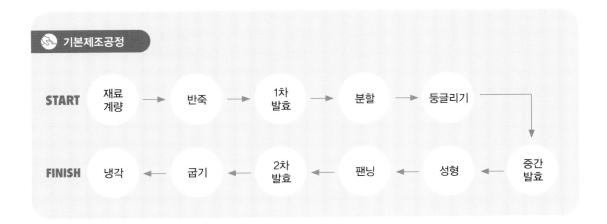

기본제조공정

START 재료계량 → 반죽 → 1차발효 → 분할 → 둥글리기

FINISH 냉각 ← 굽기 ← 2차발효 ← 팬닝 ← 성형 ← 중간발효

스트레이트법의 장점과 단점
(스펀지 도우법과 비교)

단점	장점
① 발효 시간이 짧아 빵의 노화가 빠르다 ② 반죽의 신장성이 적어 손상되기 쉽고, 기계를 이용한 성형 등이 어렵다. ③ 제품의 부피가 비교적 작다. ④ 발효 내구성이 약하다.	① 전체 공정의 소요 시간을 줄일 수 있다. ② 설비, 노동력을 줄일 수 있다. ③ 발효 시간이 짧아 발효 손실이 적다.

주의점

스트레이트법은 한 번의 믹싱으로 끝나기 때문에 반죽 온도, 믹싱 종료 시의 반죽 상태 판단 등에 주의가 필요하다. 또 반죽의 되기 결정은 믹싱 시작 후 1~2분 사이에 결정한다. 첨가하는 물의 공급이 늦어지면 글루텐이 먼저 형성돼 수분 흡수가 곤란해지고 물이 잉여수로 반죽에 남아 진반죽을 만든다.

02
스펀지 도우법
(중종법)

중종법이라고도 하며 스트레이트법과는 달리 두 개의 공정으로 빵을 만드는 방법이다. 먼저 밀가루, 물, 이스트 등을 넣어 만든 반죽을 숙성시킨 다음 밀가루를 비롯한 다른 재료를 넣어 반죽을 완성한다. 이때 사전 발효한 앞의 반죽을 스펀지(sponge)라고 하고 뒤의 본반죽을 도(dough)라고 한다. 이 제법의 목적은 발효의 안정성을 높이고 반죽의 숙성에 의한 신장성과 향을 증진시키는 데 있다.

종류 – 표준 스펀지법, 장시간 스펀지법, 오버나이트 스펀지법, 가당 스펀지법, 저온 스펀지법 등

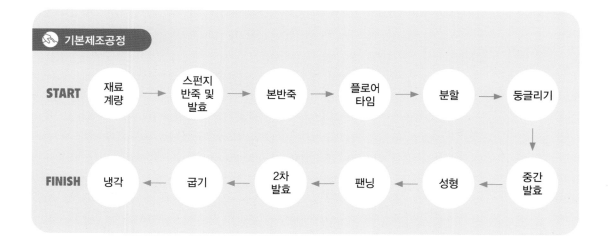

기본제조공정

START → 재료 계량 → 스펀지 반죽 및 발효 → 본반죽 → 플로어 타임 → 분할 → 둥글리기 → 중간 발효 → 성형 → 팬닝 → 2차 발효 → 굽기 → 냉각 → FINISH

스펀지 도우법의 장점과 단점
(스트레이트법과 비교)

장점	단점
① 빵의 노화가 늦다. ② 반죽의 신장성이 좋아 손상이 적고 기계 내성이 좋다. ③ 발효에 의한 산미와 풍미가 증가한다. ④ 제품의 부피가 크고 속결이 부드럽다. ⑤ 이스트 사용량을 줄일 수 있다.	① 전체 공정에 소요되는 시간이 길고 공정이 번거롭다. ② 스펀지의 발효 설비와 공간이 필요하다. ③ 발효 손실이 크다.

주의점

스펀지(중종)의 믹싱은 밀가루가 수화된 상태에서 멈춘다. 필요 이상의 글루텐이 형성되면 반죽의 숙성이 늦어지기 때문이다. 중종의 숙성(발효점) 정도는 반죽에 탄력이 없어지고, 유백색을 띤 상태이다. 본반죽은 반죽의 신장성을 좋게 하기 위해 충분히 믹싱한다. 플로어타임 종료는 처져 있는 반죽에 약간의 탄력이 생겼을 때이다.

03
비상반죽법

표준스트레이트법이나 스펀지법을 변형시킨 방법이다. 예기치 못한 주문이나 사고 등 비상시에 제품을 빨리 만들어내기 위한 목적으로 시용된다. 표준 반죽법에 따르면서 반죽 시간을 늘리고 발효 속도를 촉진시켜 전체 공정을 줄이는 것이 포인트이다. 스트레이트법과 스펀지 도우법 모두 사용할 수 있으나 여기서는 스트레이트법을 비상스트레이트법으로 전환하는 방법만 살펴본다.

필수적 조치 사항

① 이스트 양을 25~50% 늘려 발효를 촉진시킨다.
② 이스트 활성화를 위해 물 사용량을 1% 늘린다.
③ 껍질색을 맞추기 위해 설탕 사용량을 1% 줄인다.
④ 발효 촉진을 위해 반죽 시간을 20~25% 늘린다.
⑤ 1차 발효시간을 줄인다(15~30분).

선택적 조치 사항

01 이스트 활동을 방해하는 소금 사용량을 1.75%로 줄인다
02 이스트 양이 많으므로 이스트푸드 양을 늘린다.
03 완충제 역할로 발효를 지연시키는 분유를 1% 정도 줄인다.
04 반죽의 pH를 낮추기 위해 식초나 젖산을 0.25~0.75% 사용한다.
05 L-시스테인(환원제)을 20~25ppm 사용한다.

표준스트레이드법에서 비상스트레이트법으로 전환하는 방법

재료	스트레이트법	→	비상스트레이트법
밀가루	100%		100%
물	63%	늘리기 →	64%
이스트	2%	늘리기 →	3%
이스트푸드	0.2%	늘리기 →	0.2~0.5%
설탕	5%	줄이기 →	4%
쇼트닝	4%	그대로 →	4%
탈지분유	3%	줄이기 →	2~3%
소금	2%	줄이기 →	1.75~2%
식초	0%	(산 첨가) →	0~0.75%
반죽 온도	27℃	높이기 →	30℃
반죽 시간	18분	늘리기 →	22분
발효시간	2시간	줄이기 →	15~30분

비상반죽법의 장점과 단점

장점	단점
① 제조 시간이 짧아 노동력과 임금이 절약된다. ② 비상시에 빠르게 대처할 수 있다.	① 발효 시간이 짧아 빵의 노화가 빠르다. ② 제품의 부피가 고르지 못하다. ③ 빵에서 이스트 냄새가 날 수 있다.

제빵공정

01
재료계량

배합표대로 주어진 재료를 정확하게 계량한다. 반죽에 필요한 재료와 토핑이나 충전에 필요한 재료를 구분한다. 가루 재료는 체 쳐 준비하고 이스트는 소금과 설탕에 닿지 않도록 한다. 사용할 물은 반죽 온도에 맞게 조절해 준비한다.

반죽 온도 계산 (스트레이트법)

마찰계수

(반죽 결과 온도 × 3) − (밀가루 온도 + 실내 온도 + 수돗물 온도)

사용할 물 온도

(희망 온도 × 3) − (밀가루 온도 + 실내 온도 + 마찰계수)

얼음 사용량

$$\frac{물\ 사용량 \times (수돗물\ 온도 - 사용할\ 물\ 온도)}{80 + 수돗물\ 온도}$$

02
반죽
(믹싱)

밀가루, 소금, 물, 이스트 등의 재료를 믹싱해 하나의 반죽으로 완성하는 과정이다. 저속, 중속, 고속으로 바꿔가며 부드럽고 윤기가 나는 상태가 될 때까지 믹싱한다.

[반죽의 발전 단계]

픽업 단계 (pick-up stage) : 저속 믹싱

밀가루와 그 밖의 가루 재료가 물과 대충 섞이는 단계이다. 가루류에 물이 흡수돼 끈적거린다.

클린업 단계 (clean-up stage)

밀가루에 물이 완전히 흡수되어 한 덩어리로 뭉쳐지는 단계이다. 이 단계에서 유지와 소금(후염법일 경우)을 넣는다. 점성이 강했던 반죽은 한데 뭉쳐져 볼 가장자리에서 떨어지기 시작한다.

발전 단계 (development stage)

글루텐 결합이 급속히 진행되어 반죽의 탄력이 증가하고 표면은 매끄럽고 약간 건조한 상태가 된다.

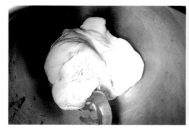 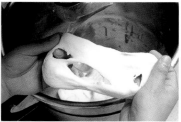

최종 단계 (final stage) : 빵 반죽의 최적 상태

탄력성과 신장성이 가장 좋으며 반죽은 부드럽고 윤이 난다. 반죽을 떼어내 잡아당기면 찢어지지 않고 얇게 늘어난다.

렛다운 단계 (let-down stage) : 오버믹싱(과반죽) 단계

반죽은 탄력성을 잃고 신장성이 커져 고무줄처럼 늘어나며 점성이 많아진다.

파괴 단계 (break-down stage)

글루텐이 더이상 결합하지 않고 끊어지는 단계로 빵 만들기에 부적합한 단계

03
1차 발효

1차 발효 조건	상대 습도(발효실)	시간
온도 25~28℃	75~80%	60~180분, 처음 부피의 3~5배 증가

온도와 습도를 맞춘 발효기를 이용해 필요한 시간만큼 발효시킨다. 만드는 사람
은 반죽을 관찰해 팽창과 숙성이 순조롭게 진행되고 있는지 체크한다. 발효 상태
의 확인은 손가락으로 눌러봐서 자국이 남는 정도로 판단한다.

가스빼기(펀치)

빵의 종류에 따라 가스빼기를 해 발효를 촉진하는 것도 있다. 하드계 반죽처럼 천
천히 숙성되거나 고배합 반죽처럼 힘이 필요한 무거운 반죽에 사용한다.

04
분할

스크레이퍼를 이용해 만들려고 하는 빵의 크기로 반죽을 나눈다. 대강의 무게를
어림해 분할한 다음 한두 번의 가감으로 20분 이내에 마무리한다.

05
둥글리기

분할한 반죽의 표면이 매끄럽게 되도록 둥글리기 한다. 기포를 제거하고 커다란 기포를 잘게 만들어 반죽을 균일화하는 과정이다.

06
중간 발효
(벤치타임)

중간 발효 조건	상대 습도	시간
온도 28~29℃	75%	15~20분

둥글리기한 반죽은 탄력이 생기므로 성형 전 휴지를 시켜야 한다. 이를 중간 발효 혹은 벤치타임이라 한다. 반죽 표면이 건조해지지 않도록 한다.

07
성형

손이나 도구를 이용해 원하는 모양을 만들고 충전물을 넣는다. 기본 성형으로는 둥근형, 타원형, 막대형 등이 있다.

둥근형

막대형(봉형)

타원형(풋볼형)

08
팬닝

성형이 완료된 반죽을 틀에 채우거나 철판에 적당한 간격을 두고 나열한다. 이때 반죽의 이음매 부분은 밑을 향하도록 해 틀에 넣는다.

09
2차 발효

2차 발효 조건	상대 습도(발효실)	시간
온도 35~43℃	85~90%	30~60분

성형으로 긴장된 반죽의 신장성을 회복시키는 과정이다. 이 과정은 빵의 맛과 함께 볼륨이나 모양에도 영향을 미치므로 알맞은 종료 시점을 판단하는 것이 매우 중요하다. 반죽에 적당한 탄력이 남아있는 상태에서 발효를 마친다.

10
굽기

제품의 종류나 배합, 크기 등을 고려해 오븐 온도를 조절해 굽는다. 전체적으로 황금색이 되면 굽기가 완성된다. 저배합 반죽은 약간 진하게, 부재료가 풍부한 소프트계 빵은 약간 옅게 굽는다.

11
냉각

갓 구워낸 빵을 포장하기 좋은 35~40℃로 식히는 과정이다. 냉각 방법에는 자연 냉각, 냉각실 냉각, 터널식 냉각 등이 있다.

12
포장

유통과정에서 제품 상태를 보호하기 위해 그에 맞는 용기에 담는 일을 말한다.

제과이론
Confectionary Making Theory

빵이 서양인의 주식인데 반해 과자는 기호식품이다. 빵과 과자를 구분하는 기준은 이스트의 사용 여부, 설탕 배합량의 많고 적음, 밀가루의 종류, 반죽 상태 등이다.

또 같은 과자라 해도 공기를 어떻게 포함시켜 부풀리느냐에 따라 발효제품, 화학적 팽창제품, 공기 팽창제품, 유지에 의한 팽창제품으로 나눈다. 또 과자 반죽을 만드는 방법에 따라 반죽형 반죽, 거품형 반죽으로 분류한다.

01
과자반죽의 분류

1) 반죽형 반죽(batter type paste)

밀가루, 달걀, 설탕, 유지 등의 기본재료에 우유나 물을 넣고 화학팽창제(베이킹파우더)를 사용해 부풀린 반죽으로 레이어 케이크, 파운드 케이크, 과일 케이크, 마들렌, 바움쿠헨 등을 만든다. 반죽형 반죽을 만드는 방법은 아래처럼 다시 나눌 수 있다.

크림법

부피가 큰 케이크를 만들기에 알맞은 반죽법이다.
01 유지와 설탕을 섞어 크림 상태로 만든다.
02 달걀, 우유 같은 액체 재료를 넣고 섞는다.
03 밀가루, 베이킹파우더를 체친 후 넣고 가볍게 섞는다.

블렌딩법

제품의 조직을 부드럽게 하고자 할 때 적당한 반죽법이다.

① 밀가루와 유지를 섞어 유지가 밀가루를 싸도록 믹싱한다.
② 마른 재료와 일부 액체 재료를 섞는다.
③ 달걀을 나누어 넣고 나머지 액체 재료를 넣고 섞는다.

이외에도 반죽형 반죽에는 1단계법, 설탕 · 물반죽법, 복합법 등이 있다.

2) 거품형 반죽(foam type paste)

달걀의 기포성과 응고성을 이용해 부풀린 반죽이다. 이 반죽은 다시 달걀의 흰자만을 쓴 머랭 반죽, 다른 기본 재료에 흰자와 노른자를 섞어 넣은 스펀지 반죽, 흰자만 거품낸 후 노른자와 섞는 시폰형 반죽으로 나눌 수 있다. 주로 만드는 제품은 스펀지 케이크, 에인젤 푸드 케이크, 머랭 등이 있다.

머랭 반죽

주로 흰자를 이용해 설탕과 함께 거품을 내 만드는 반죽으로 일반적으로 사용되는 머랭을 포함해 대략 4가지가 있고 제법에 관계없이 설탕과 흰자의 비율은 2:1이다.

보통 머랭

주로 건과에 사용하는데 상온에서 흰자를 60% 정도까지 휘핑한 후 설탕 또는 바닐라슈거를 소량씩 투입하면서 단단해질 때까지 휘핑을 계속한다.

이탈리안 머랭

설탕과 설탕량의 30~40% 정도의 물을 사용해 115~ 121℃까지 끓여 설탕 시럽을 만든 후 흰자에 서서히 넣으면서 휘핑한다. 열처리를 했기 때문에 케이크 장식이나 버터크림, 초콜릿 반죽 등에 적당하다.

가열하는 머랭

흰자와 슈거파우더를 혼합한 후 약한 불로 가열해 만든다. 프랑스 제과점에서 흔히 볼 수 있는 '귀부인의 손'이란 마카롱을 만들 때 적당하다.

스위스 머랭

전체 흰자 중 1/3과 슈거파우더 전량을 넣고 글라스 루아얄을 만든다. 이때 빙초산을 몇 방울 사용한다. 또 다른 그릇에 남은 흰자와 적당량의 바닐라슈거로 보통 머랭을 만든 후 앞에 만든 것과 섞어준다.

스펀지 반죽

거품을 내는 방법에 따라 공립법과 별립법으로 나눌 수 있다.

공립법

흰자와 노른자를 섞어 함께 거품을 내는 방법으로 별립법에 비해 부드러운 것이 특징이다. 원형 케이크 용으로 주로 사용하며 많은 양의 시럽을 사용하는 것은 피해야 한다. 공립법은 다시 달걀과 설탕을 중탕해 37~43℃까지 데운 뒤 거품을 내는 방법과 중탕하지 않고 달걀과 설탕을 거품 내는 방법으로 나눌 수 있다.

① 달걀을 잘 풀어주고 설탕, 소금을 섞은 후 향을 첨가한다.
② 박력분을 체로 친 후 가볍게 혼합한다.

별립법

달걀을 흰자와 노른자로 나눠 각각에 설탕을 더해 따로따로 거품을 낸 뒤 그밖의 재료와 섞는 방법이다. 공립법에 비해 질긴 편으로 무스나 시럽을 많이 사용하는 제품에 적당하다.

㉑ 노른자에 설탕A, 소금, 향을 넣고 섞는다.
㉒ 흰자를 60%까지 휘핑한 후 설탕B를 조금씩 넣으면서 90% 정도의 머랭을 만든다.
㉓ 01에 머랭을 넣고 섞는다.
㉔ 박력분을 체친 후 섞는다.

> **시폰형 반죽**

별립법처럼 흰자와 노른자로 나누지만 노른자는 거품내지 않고 흰자(머랭)와 화학팽창제로 부풀린 반죽이다.

㉑ 밀가루, 베이킹파우더, 설탕, 소금을 체친다.
㉒ 다른 그릇에 식용유와 노른자를 넣고 섞은 후 가루와 섞어준다.
㉓ 물을 조금씩 넣으면서 덩어리지지 않는 매끄러운 상태로 만든다.
㉔ 흰자에 일부 설탕을 넣고 거품을 내 머랭을 만든 후 03에 2~3회 나누어 섞는다.

02
과자 만드는 순서

1) 반죽법을 결정한다.

2) 배합표를 만든다.

각각의 제품 특성을 살리는 방법 중의 하나가 배합 재료의 양적 · 질적인 균형을 맞추는 일이다. 과자 반죽의 특성은 고형물과 수분의 균형이 어떤가로 결정한다.

표1)

구분 \ 반죽 온도	높을 경우	낮을 경우	비고
반죽 온도에 따른 반죽 제품의 변화			
반죽 비중	낮다	높다	반죽 온도가 낮으면 지방의 일부가 굳어 반죽이 공기를 포함하기 어렵기 때문에 비중이 높아진다.
반죽 산도	온도와 관계없다	온도와 관계없다	
제품 부피	기공이 작다	기공이 크다	반죽 온도가 낮으면 탄산가스 손실이 없고 반대인 경우는 많기 때문이다.
껍질의 성질	얇다	두껍다	
기공의 크기	치밀하고 작다	크다	
속색깔	밝다	어둡다	
냄새	옅다	강하다	반죽 온도가 낮으면 껍질이 두꺼워지고 캐러멜화가 많이 일어나기 때문이다.
맛	온도와 관계없다	온도와 관계없다	
조직	부드럽다	부서지기 쉽다	

3) 과자 반죽을 만든다.

반죽 온도 조절

반죽 온도는 제품에 많은 변화를 미치며, 이를 결정하는 요소는 물 온도이다.
(표1 참조)

반죽의 산도 조절

각 제품에 맞는 산도가 있는데 산성에 가까우면 기공이 너무 곱고, 껍질색이 여리며, 옅은 향과 톡 쏘는 신맛이 나고, 제품의 부피가 작다. 반면 알칼리성에 가까우면 기공이 거칠고, 껍질색과 속색이 어두우며, 강한 향과 소다 맛이 난다.

또 유지가 섞인 유상액(emulsion)은 대개 산성에서 안정적인데 쇼트닝 대신 버터를 사용하면 pH4.8에서 가장 안정된 모습을 보인다.

제과 반죽 중 산도가 중요한 몫을 하는 것은 초콜릿 케이크와 코코아 케이크 반죽이다. 짙은 향과 색을 원하면 알칼리성쪽으로, 은은한 향과 색을 원하면 산성쪽으로 조절한다.

비중

부피가 같은 물의 무게에 대한 반죽의 무게를 숫자로 나타낸 값이다. 반죽과 물을 각각 비중컵에 담아 무게를 단 뒤, 그 값에서 무게를 빼면 된다. 예를 들어 비중컵의 무게가 40g, 비중컵+물의 무게가 240g, 비중컵+반죽의 무게가 180g일 때 비중은 (180-40)÷(240-40)=0.7

4) 성형 · 팬닝한다

틀에 채우는 방법 외에도 짜내기, 찍어내기, 접어밀기 등이 있다. 한편 틀에 반죽을 채울 경우 틀의 부피에 알맞은 반죽량을 계산하는데 틀부피÷비용적으로 계산하면 반죽 무게를 얻을 수 있다.

5) 굽기

고배합 반죽일수록, 반죽량이 많을수록 낮은 온도에서 오래 굽는다. 그러나 너무 낮은 온도에서 구우면 조직은 부드럽지만 윗면이 평평하고 수분 손실이 커진다. 반면 굽는 온도가 너무 높으면 중심 부분이 갈라지고 조직이 거칠고 설익어 주저앉기 쉽다.

6) 마무리(아이싱)

제품의 멋과 맛을 돋우고, 제품에 윤기를 주며, 보관 중 표면이 마르지 않도록 한 겹 씌우는 것을 말한다. 마무리용 재료로는 퐁당, 머랭, 글레이즈, 젤리, 크림류, 슈트로이젤 등이 있다.

제빵 실기
Breadmaking

식빵류 ● 단과자빵류 ● 하드계빵류 ● 도넛류 ● 조리빵류 ● 특수빵류 ● 페이스트리류

식빵 비상스트레이트법
White pan bread

일반적으로 식빵은 틀에 구운 흰빵을 의미한다. 그리고 식빵은 영국형과 미국형으로 나눌 수 있는 데 영국형은 꼭대기를 자연스럽게 부풀려 산봉우리처럼 만든 것이고 미국형은 뚜껑을 덮어 평평하게 구운 것이다. 평평한 미국식 식빵은 풀만식빵이라고도 한다. 또 용도에 따라 식빵은 기본배합으로 만든 경우와 유지, 당분, 우유를 더 첨가한 경우로 나눌 수 있는데 전자는 토스트용이고 후자는 샌드위치용이다. 역사적으로 보면 식빵은 딱딱한 빵을 굽던 유럽식 기술이 영국으로 전해지면서 부드럽게 굽는 방식으로 변했고, 이것이 다시 미국으로 건너가 오래 보존할 수 있는 고배합으로 변했다.

시험시간 2시간 40분

다음 요구사항대로 식빵(비상스트레이트법)을 제조하여 제출하시오.
1. 배합표의 각 재료를 계량하여 재료별로 진열하시오(8분).
2. 비상스트레이트법 공정에 의해 제조하시오. (반죽온도는 30℃로 한다.)
3. 표준분할무게는 170g으로 하고, 제시된 팬의 용량을 감안하여 결정하시오. (단, 분할무게×3을 1개의 식빵으로 함.)
4. 반죽은 전량을 사용하여 성형하시오.

배합표

재료	비율(%)	무게(g)
강력분	100	1,200
물	63	756
이스트	5	60
제빵개량제	2	24
설탕	5	60
쇼트닝	4	48
탈지분유	3	36
소금	1.8	22
계	183	2,206

만드는 법

1. 쇼트닝을 제외한 모든 재료를 믹서 볼에 넣고 믹싱한다.

2. 클린업단계에서 쇼트닝을 넣고 보통 식빵보다 20~25% 정도 더 믹싱한다.
   최종단계·후기반죽의 반죽온도 30℃

3. 온도 30℃, 습도 75~80% 상태에서 15~30분간 1차발효를 시킨다(비상법이므로 발효시간 단축).
   1차발효 상태는 처음 반죽 부피의 2배이다.

4. 170g씩 분할해 둥글리기한 후 10~15분간 중간발효를 시킨다.

5. 밀대로 반죽을 밀어 가스를 뺀 후 3겹 접기를 하고 단단하고 둥글게 만든다.

6. 성형한 반죽을 3개씩 틀에 채운다.

7. 온도 35~38℃, 습도 85% 상태에서 40분간 2차발효를 시킨다.

반죽의 제일 높은 부분이 틀 높이와 같거나 0.5cm 정도 올라온 상태가 적당하다.

8. 윗불 175℃, 아랫불 180℃ 오븐에서 30~35분간 굽는다.
   25분부터는 색깔을 살피고 밑면, 옆면에도 구운색이 나도록 한다.

제품평가

1. 전체가 잘 익고, 껍질색이 황금갈색을 띠어야 한다.

2. 모양은 찌그러지지 않고 균일하며 균형이 잡혀 있어야 한다.

3. 껍질은 부드러우면서도 부위별로 고른 색깔이 나며, 반점과 줄무늬가 없어야 한다.

4. 빵의 속결은 기공과 조직이 부위별로 고르고 밝은 색을 띠어야 한다.

5. 식감은 부드럽고 발효향이 온화하며 끈적거림이나 탄 냄새, 생재료 맛 등이 없어야 한다.

 Point

〈비상스트레이트법의 필수조치 사항〉

반죽 조건		재 료	
반죽시간	20~25% 늘림	물	1% 늘림
반죽온도	30℃	설탕	1% 줄임
1차발효시간	15~30분	이스트	2배 늘림

우유식빵
Milk pan bread

시험시간 3시간 40분

다음 요구사항대로 우유식빵을 제조하여 제출하시오.
1. 배합표의 각 재료를 계량하여 재료별로 진열하시오(8분).
2. 반죽은 스트레이트법으로 제조하시오. (단, 유지는 클린업단계에 첨가하시오.)
3. 반죽온도는 27℃를 표준으로 하시오.
4. 표준분할무게는 180g으로 하고, 제시된 팬의 용량을 감안하여 결정하시오. (단, 분할무게×3을 1개의 식빵으로 함.)
5. 반죽은 전량을 사용하여 성형하시오.

배합표

재료	비율(%)	무게(g)
강력분	100	1,200
우유	40	480
물	29	348
이스트	4	48
제빵개량제	1	12
소금	2	24
설탕	5	60
쇼트닝	4	48
계	185	2,220

만드는 법

1. 쇼트닝을 제외한 모든 재료를 믹서 볼에 넣고 믹싱한다.

2. 클린업단계에서 쇼트닝을 넣고 최종 단계까지 믹싱한다(반죽온도 27℃). 반죽의 글루텐을 완전히 발전시켜 유연하고 부드러운 상태로 만든다.

3. 온도 27℃, 습도 75~80% 상태에서 80~90분간 1차발효를 시킨다. 1차발효 상태는 처음 반죽 부피의 3.5~4배이다.

4. 180g씩 분할해 둥글리기한 후 10~15분간 중간발효를 시킨다.

5. 밀대로 반죽을 밀어 가스를 뺀 후 3겹 접기를 하고 단단하고 둥글게 만든다.

6. 성형한 반죽을 3개씩 나란히 식빵 틀에 채운다.

밑면이 좋게 나오게 하기 위해 틀에 반죽을 넣은 후 가볍게 눌러준다.

7. 온도 35~38℃, 습도 85% 상태에서 45~50분간 2차발효를 시킨다.

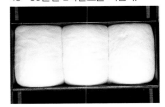

가스 보유력이 최대인 상태로, 틀 위로 1cm 정도 올라온 상태가 적당하다.

8. 윗불 175℃, 아랫불 180℃ 오븐에서 30~35분간 굽는다.

제품평가

1. 전체적으로 모양이 찌그러지지 않고 균일해야 한다.

2. 껍질이 부드럽고 부위별로 고른 색깔이 나며, 반점과 줄무늬가 없어야 한다.

3. 속결은 기공과 조직의 크기가 고르고 부드러워야 한다. 또 밝은 색을 띠어야 한다.

4. 식감이 부드럽고 발효향과 우유향이 잘 어울려야 한다. 끈적거림, 탄 냄새, 생재료 맛이 없어야 한다.

건포도식빵
Raisin pan bread

배합표

재료	비율(%)	무게(g)
강력분	100	1,400
물	60	840
이스트	3	42
제빵개량제	1	14
소금	2	28
설탕	5	70
마가린	6	84
탈지분유	3	42
달걀	5	70
건포도	25	350
계	210	2,940

건포도 전처리 방법

첫째, 건포도 무게의 12%정도 되는 물 (27℃)에 건포도를 버무린 후 비닐 종이에 담아 4시간 동안 놓아둔다. 가끔씩 뒤섞는다.

둘째, 27℃ 물에 담가 적신 뒤 바로 체에 걸러 물을 빼고 나서 4시간 동안 놔둔다. 이때, 물에 푹 담가 두면 건포도 속의 당이 70%나 녹으므로, 버무리는 정도에서 그친다.

만드는 법

1. 마가린과 건포도를 제외한 모든 재료를 믹서 볼에 넣고 믹싱한다.

2. 클린업단계에서 유지를 넣고 믹싱한다.

3. 최종단계에서 전처리한 건포도를 넣고 저속으로 건포도가 손상되지 않고 골고루 섞이도록 혼합한다(반죽온도 27℃).

4. 온도 27℃, 습도 80% 상태에서 70~80분간 1차발효를 시킨다.

5. 180g씩 분할해 둥글리기한 후 10~15분간 중간발효를 시킨다.
   건포도가 많이 들어가 부피가 작기 때문에 보통 식빵보다 15~20% 늘려 분할한다. 둥글릴 때 건포도가 반죽 밖으로 나오지 않도록 한다.

6. 반죽을 밀대로 밀어 가스를 뺀 후 3겹 접기를 하고 단단하고 둥글게 만다.

반죽을 밀대로 밀 때 건포도가 부서지지 않게 해야 한다.

7. 성형한 반죽을 3개씩 틀에 채워 넣는다.

밑면이 좋게 나오게 하기 위해 틀에 반죽을 넣고 가볍게 눌러준다.

8. 온도 35~38℃, 습도 85% 상태에서 50~60분간 2차발효를 시킨다.

9. 180~200℃ 오븐에서 35~40분간 굽는다.
   보통 식빵보다 구운색이 빨리 나므로 주의한다.

Point

건포도는 반죽이 완전히 발전된 상태에서 투입해야 한다. 그 전에 건포도를 넣으면 건포도가 찢어져 반죽에 얼룩이 지고 당이 나와 이스트가 활력을 잃게 된다. 또 반죽이 거칠어져 성형이 힘들고 빵 껍질색이 어두워진다.

옥수수식빵

Corn pan bread

다음 요구사항대로 옥수수 식빵을 제조하여 제출하시오.
1. 배합표의 각 재료를 계량하여 재료별로 진열하시오(10분).
2. 반죽은 스트레이트법으로 제조하시오. (단, 유지는 클린업단계에서 첨가하시오.)
3. 표준분할무게는 180g으로 하고, 제시된 팬의 용량을 감안하여 결정하시오. (단, 분할무게×3을 1개의 식빵으로 함.)
4. 반죽온도는 27℃를 표준으로 하시오.
5. 반죽은 전량을 사용하여 성형하시오.

배합표

재료	비율(%)	무게(g)
강력분	80	960
옥수수분말	20	240
물	60	720
이스트	3	36
제빵개량제	1	12
소금	2	24
설탕	8	96
쇼트닝	7	84
탈지분유	3	36
달걀	5	60
계	189	2,268

만드는 법

1. 쇼트닝을 제외한 모든 재료를 믹서 볼에 넣고 믹싱한다.
2. 클린업단계에서 쇼트닝을 넣고 보통 식빵 반죽의 90% 정도까지 믹싱한다 (반죽온도 27℃).

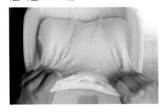

3. 온도 27℃, 습도 75~80% 상태에서 70~80분간 1차발효를 시킨다.
4. 180g씩 분할해 둥글리기한 후 10~20분간 중간발효를 시킨다.
   보통의 식빵보다 분할량을 10~15% 늘린다.
5. 반죽을 밀대로 밀어 가스를 뺀 후 3겹 접기를 하고 단단하고 둥글게 만다.
6. 성형한 반죽을 3개씩 틀에 채워 넣는다.

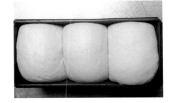

7. 온도 35~38℃, 습도 85% 상태에서 45~50분간 2차발효를 시킨다.
   가스보유력이 최대인 상태로 반죽의 제일 높은 부분이 틀 위로 1㎝ 정도 올라온 상태가 적당하다.
8. 윗불 180℃, 아랫불 180℃ 오븐에서 30~35분간 굽는다.

제품평가

1. 속결에는 옥수수의 색깔이 연하게 배어 있어야 한다.
2. 옥수수의 구수한 맛과 향이 발효향과 잘 조화돼야 한다.
3. 반죽이 균일하게 부풀어 올라 모양이 일정하고 균형이 잡혀야 한다.

Point

옥수수 식빵을 만들 때는 물조절에 신경을 써야 한다. 옥수수 가루(찰옥수수, 알파콘)는 원래 찰진 성질이 있어 배합상의 물을 다 넣으면 처음에는 조금 진 느낌을 준다. 그러나 물의 양을 배합대로 지키고 적절한 글루텐을 생성시키는 것이 중요하다. 한편 밀가루 대신 옥수수 등의 다른 곡물가루를 첨가하게 되면 기본배합에 비해 글루텐 함량이 줄어들어 반죽에 힘이 없게 된다. 따라서 밀가루에 들어 있는 글루텐을 뽑아 건조시킨 활성글루텐(건조글루텐)을 밀가루 대비 2~3% 정도 사용하기도 한다.

호밀빵
Rye bread

호밀빵은 밀가루로 만든 식빵보다 색깔이 어두워 일명 흑빵이라고도 하고 독일에서 많이 만들기 때문에 '독일빵'
이라고도 한다. 또 영어식 표현 그대로 라이브레드(Rye bread)로도 불린다. 정통 독일식 호밀빵(로겐 브로트)은
밀가루에 최고 90%의 호밀가루를 혼합해 만들기도 한다. 그러나 각 나라마다 배합량에 차이가 있어 미국식은
20~30%, 독일식은 30~50%, 러시아식은 50~75%, 보통은 10~30%를 섞어 만든다.

시험시간 3시간 30분

다음 요구사항대로 호밀빵을 제조하여 제출하시오.

1. 배합표의 각 재료를 계량하여 재료별로 진열하시오(10분).
2. 반죽은 스트레이트법으로 제조하시오(반죽 상태에 따라 물의 양 조절 60~65%).
3. 반죽온도는 25℃를 표준으로 하시오.
4. 표준분할무게는 330g으로 하시오.
5. 제품의 형태는 타원형(럭비공 모양)으로 제조하시오.
6. 칼집 모양을 가운데 일자로 내시오.
7. 반죽은 전량을 사용하여 성형하시오.

배합표

재료	비율(%)	무게(g)
강력분	70	770
호밀가루	30	330
이스트	3	33
제빵개량제	1	11(12)
물	60~65	660~715
소금	2	22
황설탕	3	33(34)
쇼트닝	5	55(56)
탈지분유	2	22
몰트액	2	22
계	178~181	1,958~2,016

제품평가

1. 속결에는 호밀가루의 색이 전체적으로 고르게 나타나고 세포벽은 얇지만 너무 조밀하지 않아야 한다.
2. 씹는 맛이 조금 거칠더라도 끈적거리지 않고 호밀가루 특유의 향이 발효향과 잘 어울려야 한다.

만드는 법

1. 쇼트닝을 제외한 모든 재료를 믹서 볼에 넣고 믹싱한다.
2. 클린업단계에서 쇼트닝을 넣고 보통 식빵 반죽의 80% 정도, 즉 발전단계 후기까지 믹싱한다(반죽온도 25℃).

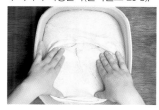

호밀가루의 사용량이 많을수록 반죽시간을 짧게 한다.

3. 온도 27℃, 습도 80% 상태에서 70~80분간 1차발효를 시킨다.
   보통 식빵 반죽보다 덜 발효를 시킨다.
4. 330g씩 분할해 둥글리기한 후 15~20분간 중간발효를 시킨다.
5. 밀대로 반죽을 밀어 가스를 뺀 뒤 타원형(럭비공 모양)으로 만든다.

6. 성형한 반죽을 팬에 올린다.

7. 온도 32~35℃, 습도 85% 상태에서 50~60분간 2차발효를 시킨다.
8. 윗불 180~190℃, 아랫불 190~200℃ 오븐에서 30~35분간 굽는다.

 Point

호밀빵을 만들 때는 보통 식빵과 비교해 반죽시간을 짧게 하는 대신 오븐 팽창률이 적으므로 2차발효는 충분히 해야 한다. 또 반죽온도는 일반 식빵보다 낮은 25℃에 맞춘다. 그리고 보통 식빵 크기의 호밀빵을 만들려면 보통식빵 분할량보다 10~20% 정도 늘린다.

풀만식빵
Pullman bread

19세기 후반, 미국의 발명가 조지 풀만(G.Pullman)이 고안한 빵으로 뚜껑이 달린 식빵 틀(풀만 브레드 틀)에 구운 네모 반듯한 모양의 빵이다. 샌드위치용으로 주로 사용한다.

🕐 시험시간 3시간 40분

다음 요구사항대로 풀만식빵을 제조하여 제출하시오.
1. 배합표의 각 재료를 계량하여 재료별로 진열하시오(9분).
2. 반죽은 스트레이트법으로 제조하시오. (단, 유지는 클린업단계에서 첨가하시오.)
3. 반죽온도는 27℃를 표준으로 하시오.
4. 표준분할무게는 250g으로 하고, 제시된 팬의 용량을 감안하여 결정하시오. (단, 분할무게×2를 1개의 식빵으로 함.)
5. 반죽은 전량을 사용하여 성형하시오.

배합표

재료	비율(%)	무게(g)
강력분	100	1,400
물	58	812
이스트	4	56
제빵개량제	1	14
소금	2	28
설탕	6	84
쇼트닝	4	56
달걀	5	70
분유	3	42
계	183	2,562

제품평가

1. 반죽의 부풀림이 작아 틀의 뚜껑에 못미쳐 모서리에 빈 틈이 생기거나, 너무 많이 부풀어 올라 윗면이 조밀하지 않아야 한다.
2. 찌그러지지 않고 균형이 잡혀 대칭을 이뤄야 한다.
3. 윗면, 아랫면, 옆면에 고르게 색이 나야 한다.
4. 속결은 기공과 조직이 부드럽고 너무 조밀하지 않으며 밝은 색을 띠어야 한다.
5. 부드러운 맛과 은은한 향이 나야 하고 탄 냄새나 생재료 맛이 나면 안 된다.

만드는 법

1. 쇼트닝을 제외한 모든 재료를 믹서 볼에 넣고 믹싱한다.
2. 클린업단계에서 쇼트닝을 넣고 최종단계까지 믹싱한다(반죽온도 27℃).
3. 온도 27℃, 습도 75~80% 상태에서 60분간 1차발효를 시킨다.
   글루텐의 숙성이 최적인 상태에서 그친다.
4. 틀의 비용적을 계산해 분할무게를 결정한다. 분할 후 둥글리기해서 10~15분간 중간발효를 시킨다(분할 : 250g).
   틀에 몇 개씩 넣을 것인가 감독위원의 지시에 따른 후 분할무게를 결정한다.
   분할무게=틀의 용적÷비용적
   풀만식빵 비용적=㎤/4.0g
5. 반죽을 밀대로 밀어 가스를 뺀 후 3겹 접기를 하고 단단하고 둥글게 만다.

풀만식빵 틀은 보통 식빵 틀보다 크므로 더 길고 넓게 민다.

6. 성형한 반죽을 2개씩 나란히 풀만식빵 틀에 채워 넣는다.
7. 온도 35~38℃, 습도 85% 상태에서 35~40분간 2차발효를 시킨다.
   2차발효된 정도는 시간보다는 틀 높이로 조절한다. 틀 높이보다 0.5㎝ 정도 낮은 것이 알맞다.
8. 뚜껑을 덮고 윗불 180℃, 아랫불 180℃ 오븐에서 35~40분간 굽는다.
   보통 식빵보다 10분 정도 더 굽는다. 모든 면의 색이 고르게 나야 한다.

풀만식빵 틀은 보통 식빵 틀보다 폭이 넓고, 높이가 높은 대신, 길이가 짧다. 보통 식빵보다 조금 크게 분할해야 한다. 또 보통 식빵보다 10분 정도 더 구워야 주저앉지 않는다.

버터톱식빵
Butter Top Bread

버터톱식빵은 버터맛과 향이 풍부하고 부드러운 식빵이다. 특히 유지가 많은 제품이므로 충분히 믹싱한 후 유지를 투입해주고, 단단할 경우에는 약간 으깨서 사용하는 것이 좋다.

시험시간 3시간 30분

다음 요구사항대로 버터톱식빵을 제조하여 제출하시오.

1. 배합표의 각 재료를 계량하여 재료별로 진열하시오(9분). (충전용, 토핑용 재료는 계량시간에서 제외)
2. 반죽은 스트레이트법으로 만드시오. (단, 유지는 클린업단계에서 첨가하시오.)
3. 반죽온도는 27℃를 표준으로 하시오.
4. 분할무게는 460g짜리 5개를 만드시오(한덩이: one loaf).
5. 윗면을 길이로 자르고 버터를 짜 넣는 형태로 만드시오.
6. 반죽은 전량을 사용하여 성형하시오.

배합표

재료	비율(%)	무게(g)
강력분	100	1,200
물	40	480
생이스트	4	48
제빵개량제	1	12
소금	1.8	21.6(22)
설탕	6	72
버터	20	240
탈지분유	3	36
달걀	20	240
계	195.8	2,349.6 (2,350)
버터(바르기용)	5	60

만드는 법

1. 버터를 제외한 모든 재료를 믹서 볼에 넣고 믹싱한다(저속 2분, 중속 5분).
2. 클린업단계에서 버터를 넣고 최종 단계까지 믹싱한다(저속 2분, 중속 12분, 반죽온도 27℃).
3. 온도 27℃, 습도 75% 상태에서 50~60분간 1차발효를 시킨다.
4. 460g씩 분할, one loaf형으로 성형하고 15~20분간 중간발효를 한다.
5. 밀대로 반죽을 길게 밀어 가스를 빼고, 둥글게 말아 팬에 넣는다.

6. 온도 38℃, 습도 85% 상태에서 50~55분간 2차발효한다.
7. 발효가 80% 정도 되었을 때 반죽의 중앙 부분을 0.5㎝ 깊이로 칼집을 내고, 버터를 짜준다.

8. 달걀물칠을 한 다음 윗불 180℃, 아랫불 180℃의 오븐에서 30분간 구워낸다.

 Point

버터는 클린업단계에서 조금씩 넣는다. 버터를 짜 넣기 위해 윗면을 자를 때에는 너무 깊게 자르지 않도록 하며, 버터는 적당한 굵기로 일정하게 짜는 것이 윗면의 터짐을 보기 좋게 만드는 포인트이다.

버터롤

Butter roll

식사용 소형빵. 버터와 같은 유지류를 7~15% 배합해 만든 소프롤의 하나이다. 중간발효 시 둥글리기를 한 후 번데기 모양으로 만들어 성형하도록 한다.

다음 요구사항대로 버터롤을 제조하여 제출하시오.

1. 배합표의 각 재료를 계량하여 재료별로 진열하시오(9분).
2. 반죽온도는 27℃를 표준으로 하시오.
3. 반죽은 스트레이트법으로 제조하시오. (단, 유지는 클린업단계에서 첨가하시오.)
4. 반죽 1개의 분할무게는 50g으로 제조하시오.
5. 제품의 형태는 번데기 모양으로 제조하시오.
6. 24개를 성형하고, 남은 반죽은 감독위원의 지시에 따라 별도로 제출하시오.

배합표

재료	비율(%)	무게(g)
강력분	100	900
설탕	10	90
소금	2	18
버터	15	135(134)
탈지분유	3	27(26)
달걀	8	72
이스트	4	36
제빵개량제	1	9(8)
물	53	477(476)
계	196	1,764

만드는 법

1. 버터를 제외한 모든 재료를 믹서 볼에 넣고 믹싱한다.

2. 클린업단계에서 버터를 넣고 최종단계까지 믹싱한다(반죽온도 27℃).

3. 온도 27℃, 습도 75~80% 상태에서 60분간 1차발효를 시킨다.

4. 50g씩 분할해 둥글리기한 후 10~15분간 중간발효를 시킨다.

5. 올챙이처럼 한쪽 끝은 가늘고 다른쪽은 둥글게 손바닥으로 둥글린 후 밀대로 반죽을 밀어 긴 삼각형 모양으로 만든다.

6. 버터롤 모양으로 말아 철판에 놓는다.

7. 온도 35~38℃, 습도 85% 상태에서 40분간 2차발효를 시킨다.
   가스 포집력이 최적인 상태까지 발효를 시킨다.

8. 윗불 190~195℃, 아랫불 150~160℃ 오븐에서 10~12분간 굽는다.

Point

번데기 모양으로 찌그러짐이 없고, 좌우 대칭으로 균형이 잘 잡히려면 번데기 모양의 성형이 중요하다. 속결은 기공이 크고 일정하며 조직은 부드러워야 한다.

밤식빵

Chestnut pan bread

밤의 씹히는 촉감, 토핑의 바삭거림, 빵의 쫄깃한 식감이 어우러진 부드러운 식빵이다. 성형할 때 당조림된 밤을 반죽에 고루 펴 밤의 분포가 균일하도록 해야 한다. 2차발효된 반죽 윗면에 짜는 토핑물을 너무 많이 짜서 굽기 중에 흘러넘치지 않도록 한다. 함몰 부분이 없고 대칭형태가 되게 한다.

배합표

빵반죽

재료	비율(%)	무게(g)
강력분	80	960
중력분	20	240
물	52	624
이스트	4.5	54
제빵개량제	1	12
소금	2	24
설탕	12	144
버터	8	96
탈지분유	3	36
달걀	10	120
계	192.5	2,310
통조림밤(시럽제외)	35	420

토핑

재료	비율(%)	무게(g)
마가린	100	100
설탕	60	60
베이킹 파우더	2	2
달걀	60	60
중력분	100	100
아몬드 슬라이스	50	50
계	372	372

만드는 법

1. 밤과 버터를 제외한 모든 재료를 믹서 볼에 넣고 믹싱한다(저속 1분, 중속 17분, 클린업단계에서 버터 투입, 반죽온도 27℃).

2. 온도 27℃, 습도 75% 상태에서 60~70분간 1차발효한다.

3. 450g씩 분할해 둥글리기 한 다음 15분간 중간발효를 시킨다.

4. 밀대로 반죽을 밀어 가스빼기를 한 다음 밤을 골고루 뿌리고 둥글게 말아 팬에 넣는다(one loaf형 / 밤은 약 80g 정도).

5. 온도 38℃, 습도 85% 상태에서 40~45분간 2차발효를 한다.

6. 토핑물을 반죽 표면에 짠 다음 슬라이스 아몬드를 뿌린다.

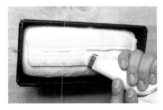

7. 윗불 170℃, 아랫불 175℃ 오븐에서 30~35분간 구워낸다.

● 토핑물 만드는 법

1. 마가린, 설탕은 크림 상태로 만든다.

2. 달걀을 조금식 넣으면서 계속 저어 크림 상태로 만든다.

3. 체에 친 중력분과 베이킹 파우더를 2에 넣고 잘 섞는다.

Point

버터량이 많은 제품으로 오븐 팽창이 크기 때문에 80% 정도 2차발효시킨다. 토핑물은 전체적으로 짜지 말고 가운데를 기준으로 3줄 정도 짜준다. 오븐 열에 의하여 퍼지면서 전체적으로 덮어주게 된다.

쌀식빵

Rice bread

다음 요구사항대로 쌀식빵을 제조하여 제출하시오.
1. 배합표의 각 재료를 계량하여 재료별로 진열하시오(9분).
2. 반죽은 스트레이트법으로 제조하시오. (단, 유지는 클린업 단계에서 첨가하시오.)
3. 반죽온도는 27℃를 표준으로 하시오.
4. 분할무게는 198g씩으로 하고, 제시된 팬의 용량을 감안하여 결정하시오.
   (단, 분할무게×3을 1개의 식빵으로 함)
5. 반죽은 전량을 사용하여 성형하시오.

배합표

재료	비율(%)	무게(g)
강력분	70	910
쌀가루	30	390
물	63	819(820)
이스트	3	39(40)
소금	1.8	23.4(24)
설탕	7	91(90)
쇼트닝	5	65(66)
탈지분유	4	52
제빵개량제	2	26
계	185.8	2,415.4 (2,418)

만드는 법

1. 쇼트닝을 제외한 모든 재료를 믹서 볼에 넣고 믹싱한다.

2. 클린업 단계에서 쇼트닝을 넣고 최종 단계까지 믹싱한다(반죽온도 27℃).
   반죽의 글루텐을 완전히 발전시켜 유연하고 부드러운 상태로 만든다.

3. 온도 27℃, 습도 75~80% 상태에서 60~70분간 1차발효를 시킨다.
   1차발효 상태는 처음 반죽 부피의 3.5~4배이다.

4. 198g씩 분할해 둥글리기한 후 10~15분간 중간발효를 시킨다.

5. 밀대로 반죽을 밀어 가스를 빼고 3겹 접기를 한 다음 단단하고 둥글게 만다. 이음매도 잘 봉한다.

6. 성형한 반죽을 3개씩 나란히 식빵 틀에 채운다.
   밑면이 좋게 나오게 하기 위해 틀에 반죽을 넣은 후 가볍게 눌러준다.

7. 온도 35~38℃, 습도 85% 상태에서 45~50분간 2차발효를 시킨다.
   가스 보유력이 최대인 상태로, 틀 위로 1㎝ 정도 올라온 상태가 적당하다.

8. 윗불 175℃, 아랫불 180℃ 오븐에서 30~35분간 굽는다.

Point

빵 반죽을 원활하게 발효시키고 품질을 안정화시키는데 사용되는 제빵개량제는, 쌀가루를 사용할 경우 그 비율이 높아진다. 반면 믹싱 시간은 짧아진다.

페이스트리식빵

Pastry pan bread

유지를 넣고 접어 밀기한 페이스트리 반죽을 식빵틀에 넣고 구운 비엔누아즈리를 말한다. 결이 잘 살아나도록 구워야 하며 3개의 트위스트 반죽이 골고루 부풀어야 완성도 높은 작품이 나온다.

배합표

재료	비율(%)	무게(g)
강력분	75	660
중력분	25	220
물	44	387(388)
이스트	6	53(54)
소금	2	18
마가린	10	88
달걀	15	132
설탕	15	132
탈지분유	3	26
제빵개량제	1	9(8)
계	196	1,725 (1,726)
파이용 마가린	총 반죽의 30%	517.6 (518)

Point

- 유지의 되기는 반죽과 비슷한 되기로 만들어 준 후 사용한다.
- 접어서 밀어 펼 때 너무 과한 힘을 가해 밀지 않도록 주의한다.
- 2차 발효실의 온도가 높거나 오래 발효시키면 유지가 녹아 흘러내리므로 유지의 융점보다 낮게 조절해야 한다.

만드는 법

1. 마가린과 파이용 마가린을 제외한 모든 재료를 믹서볼에 넣고 믹싱한다.
   고속으로 반죽할 경우 반죽온도가 상승될 우려가 있다.

2. 클린업 단계에서 마가린을 넣고 발전단계까지 믹싱한다(반죽온도 20℃).
   믹싱을 오래하면 완제품의 껍질이 부서지기 쉽고, 오븐 스프링은 좋은 반면 최종 제품에서 주저앉을 수도 있다.

3. 반죽을 비닐로 싸서 사각형으로 만든 후 냉장고에서 30분간 휴지를 시킨다.

4. 일정한 두께의 사각형으로 밀어 편 반죽 위에 파이용 마가린을 올리고 반죽으로 싼 후 이음매를 잘 여며준다.

5. 3절 접기를 3회 실시한다. 매 접기 마다 30분씩 냉장 휴지시킨다.
   접기를 할 때는 덧가루를 잘 털어내야 제품의 결이 나빠지거나 딱딱해지지 않는다.

6. 반죽을 가로 43㎝, 세로 31㎝로 밀어 편 후 상하좌우를 각각 0.5㎝씩 잘라낸다.

7. 가로 3.5㎝ 폭으로 12개가 되도록 자른다.

8. 3개씩 트위스트형(세가닥 엮기)으로 성형한 후 파운드틀에 팬닝한다.

9. 온도 30~32℃, 습도 75~80% 상태에서 30~40분간 2차 발효시킨다.

10. 윗불 170~180℃, 아랫불 200~210℃ 오븐에서 30~40분간 굽는다.

출제품목

단과자빵 트위스트형
Sweet dough bread

다음 요구사항대로 단과자빵(트위스트형)을 제조하여 제출하시오.

1. 배합표의 각 재료를 계량하여 재료별로 진열하시오(9분).
2. 반죽은 스트레이트법으로 제조하시오. (단, 유지는 클린업단계에 첨가하시오.)
3. 반죽온도는 27℃를 표준으로 하시오.
4. 반죽분할 무게는 50g이 되도록 하시오(약 35개 완성).
5. 모양은 8자형 12개, 달팽이형 12개로 2가지 모양으로 만드시오.
6. 완제품 24개를 성형하여 제출하고, 남은 반죽은 감독위원의 지시에 따라 별도로 제출하시오.

배합표

재료	비율(%)	무게(g)
강력분	100	900
물	47	422
생이스트	4	36
제빵개량제	1	8
소금	2	18
설탕	12	108
쇼트닝	10	90
분유	3	26
달걀	20	180
계	199	1,788

만드는 법

1. 쇼트닝을 제외한 모든 재료를 믹서 볼에 넣고 믹싱한다.

2. 클린업단계에서 쇼트닝을 넣고 최종단계까지 믹싱한다(반죽온도 27℃).

3. 온도 27℃, 습도 75~80% 상태에서 70~80분간 1차발효를 시킨다.

4. 50g씩 분할해 둥글리기한 후 10~15분간 중간발효를 시킨다.

5. 반죽을 길게 늘려 가스를 빼준 후 8자형, 달팽이형을 만든다.

8자형 : 반죽을 25㎝ 길이로 늘린 후 8자형으로 꼬아 만든다.

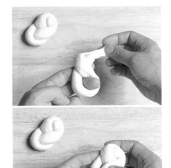

달팽이형 : 반죽 한쪽을 비스듬히 얇게 하면서 30㎝ 길이로 늘린 후 굵은 쪽을 중심으로 돌려 감는다.

6. 온도 35~38℃, 습도 85% 상태에서 30~35분간 2차발효를 시킨다.

7. 윗불 190℃, 아랫불 150℃ 오븐에서 10~12분간 굽는다.

제품평가

1. 부피가 알맞고 균일하며 대칭을 이루고 균형이 잡혀야 한다.
2. 각 부위마다 구운색이 고루 들고 반점이나 줄무늬가 없어야 한다.
3. 속결이 부드럽고 밝고 여린 미색이 나야 한다.

Point

〈팔자형 꼬는 방법〉

〈이중8자형 꼬는 방법〉

비튼다

소보로빵

Streusel

시험시간 3시간 30분

다음 요구사항대로 소보로빵을 제조하여 제출하시오.

1. 배합표의 각 재료를 계량하여 재료별로 진열하시오(9분). (충전용, 토핑용 재료는 계량시간에서 제외)
2. 반죽은 스트레이트법으로 제조하시오. (단, 유지는 클린업단계에 첨가하시오.)
3. 반죽 1개의 분할무게는 50g씩, 1개당 소보로 사용량은 약 30g씩으로 제조하시오.
4. 반죽온도는 27℃를 표준으로 하시오.
5. 토핑용 소보로는 배합표에 의거 직접 제조하여 사용하시오.
6. 반죽은 25개를 성형하여 제조하고, 남은 반죽과 토핑용 소보로는 감독위원의 지시에 따라 별도로 제출하시오.

배합표

빵반죽

재료	비율(%)	무게(g)
강력분	100	900
물	47	423(422)
생이스트	4	36
제빵개량제	1	9(8)
소금	2	18
마가린	18	162
탈지분유	2	18
달걀	15	135(136)
설탕	16	144
계	205	1,845 (1,844)

토핑용 소보로

재료	비율(%)	무게(g)
중력분	100	300
설탕	60	180
마가린	50	150
땅콩버터	15	45(46)
달걀	10	30
물엿	10	30
탈지분유	3	9(10)
베이킹 파우더	2	6
소금	1	3
계	251	753

만드는 법

1. 마가린을 제외한 모든 재료를 믹서 볼에 넣고 믹싱한다.
2. 클린업단계에서 마가린을 넣고 최종단계까지 믹싱한다(반죽온도 27℃).
3. 온도 27℃, 습도 75~80% 상태에서 80~90분간 1차발효를 시킨다.
4. 50g씩 분할해 둥글리기한 후 10~15분간 중간발효를 시킨다.
5. 반죽 속의 가스를 빼고, 둥글게 성형한 뒤, 물칠을 하고 소보로를 약 30g 정도씩 묻힌다.

6. 온도 35~38℃, 습도 85% 상태에서 30~35분간 2차발효를 시킨다.
7. 윗불 190℃, 아랫불 150~160℃ 오븐에서 13~15분간 굽는다.

● 소보로 반죽

1. 마가린, 땅콩버터, 설탕, 소금, 물엿을 섞어 크림상태로 만든다.
   유지의 크림화가 지나치면 소보로 반죽이 질어지므로 주의한다. 연한 미색을 띤 상태가 좋다.
2. 1에 달걀을 조금씩 넣으면서 크림상태로 만든다.
3. 2에 중력분, 탈지분유, 베이킹파우더를 섞어 보슬보슬한 상태로 만든다.

제품평가

1. 부풀림이 적당하고 균형이 알맞아야 한다. 따라서 분할무게, 소보로 양 등을 정확히 맞춘다.
2. 소보로가 전체적으로 두껍지 않고 고루 묻어 있어야 하며 색깔은 밝은 갈색을 띠어야 한다.
3. 속결은 조직이 부드럽고 기공이 너무 조밀하지 않으며 밝고 연한 노란빛이 나야 한다.
4. 소보로와 빵의 향이 잘 어울려야 한다.

크림빵
Cream bread

다음 요구사항대로 단과자빵(크림빵)을 제조하여 제출하시오.

1. 배합표의 각 재료를 계량하여 재료별로 진열하시오(9분). (충전용, 토핑용 재료는 계량시간에서 제외)
2. 반죽은 스트레이트법으로 제조하시오. (단, 유지는 클린업단계에 첨가하시오.)
3. 반죽온도는 27℃를 표준으로 하시오.
4. 반죽 1개의 분할무게는 45g, 1개당 크림 사용량은 30g으로 제조하시오.(시험장에서 커스터드 크림 제공)
5. 제품 중 12개는 크림을 넣은 후 굽고, 12개는 반달형으로 크림을 충전하지 말고 제조하시오.
6. 남은 반죽은 감독위원의 지시에 따라 별도로 제출하시오.

배합표

재료	비율(%)	무게(g)
강력분	100	800
물	53	424
생이스트	4	32
제빵개량제	2	16
소금	2	16
설탕	16	128
쇼트닝	12	96
분유	2	16
달걀	10	80
계	201	1,608
커스터드 크림	(1개당 30g)	360

제품평가

1. 부피가 알맞고 균일하며 반달모양이 대칭을 이뤄 균형이 잡혀야 한다.
2. 껍질이 너무 질기거나 두껍지 않아야 한다.
3. 각 부위마다 구운색이 고루 들고 얼룩이나 줄무늬가 없어야 한다.
4. 크림이 중앙에 자리잡고 가장자리로 흐르지 않아야 한다.
5. 속결이 부드럽고 크림과 빵의 풍미가 조화를 이뤄야 한다.

만드는 법

1. 쇼트닝과 커스터드 크림을 제외한 모든 재료를 믹서 볼에 넣고 믹싱한다.
2. 클린업단계에서 쇼트닝을 넣고 최종단계까지 믹싱한다(반죽온도 27℃).
3. 온도 27℃, 습도 80% 상태에서 80~90분간 1차발효를 시킨다.
4. 45g씩 분할해 둥글리기한 후 10~15분간 중간발효를 시킨다.
5. 크림을 충전할 반죽은 긴 타원형으로 밀어 크림을 30g씩 넣고 싼다.

크림이 반죽 중앙에 자리잡아야 하고 양이 같아야 한다.

6. 반죽 가장자리를 스크레이퍼로 찍어 모양을 낸다.

7. 반달형으로 만들 반죽은 타원형으로 밀어편 후 1/2 정도만 기름칠을 한 후 반달모양으로 접는다.

8. 온도 35~38℃, 습도 85% 상태에서 30~35분간 2차발효를 시킨다.
9. 윗불 190℃, 아랫불 150℃오븐에서 10~12분간 굽는다.
10. 제품이 식으면 반달형 크림빵에 커스터드 크림을 충전한다.

크림빵은 반죽을 긴 타원형으로 만드는 것이 어렵다. 분할한 상태 그대로 밀어펴기를 하지 말고 반죽을 중간 크기의 타원형으로 만든 다음 다시 밀어펴기를 하는 것이 좋다. 또 크림을 충전할 때는 적당한 양을 넣어야 구울 때 크림이 흘러내리지 않는다.

스위트 롤
Sweet roll

 Point 스위트 롤은 동일한 두께로 밀어펴서 적당한 강도로 말아야 한다. 너무 세게 말면 오븐팽창 때 위로만 솟고, 반대로 헐겁게 말면 모양이 풀어진다.

시험시간 3시간 30분

다음 요구사항대로 스위트 롤을 제조하여 제출하시오.
1. 배합표의 각 재료를 계량하여 재료별로 진열하시오(9분). (충전용, 토핑용 재료는 계량시간에서 제외)
2. 반죽은 스트레이트법으로 제조하시오. (단, 유지는 클린업단계에 첨가하시오.)
3. 모양은 야자잎형 12개, 트리플리프(세잎새형) 9개를 만드시오.
4. 계피설탕은 각자가 제조하여 사용하시오.
5. 반죽온도는 27℃를 표준으로 사용하시오.
6. 성형 후 남은 반죽은 감독위원의 지시에 따라 별도로 제출하시오.

배합표

재료	비율(%)	무게(g)
강력분	100	900
물	46	414
이스트	5	45[46]
제빵개량제	1	9[10]
소금	2	18
설탕	20	180
쇼트닝	20	180
분유	3	27[28]
달걀	15	135[136]
계	212	1,908 (1,912)
충전용 설탕	15	135[136]
충전용 계피가루	1.5	13.5[14]

제품평가

1. 껍질은 부드럽고 충전물이 흘러나와 묻어나지 않아야 한다.
2. 충전물과 속결의 구분이 분명하고 규칙적이어야 한다.
3. 충전물의 맛과 발효향이 잘 어울려야 한다.

만드는 법

1. 쇼트닝과 충전용 재료를 제외한 모든 재료를 믹서 볼에 넣고 믹싱한다.

2. 클린업단계에서 쇼트닝을 넣고 최종 단계까지 믹싱한다(반죽온도 27℃).

3. 온도 27℃, 습도 80% 상태에서 70~80분간 1차발효를 시킨다.

4. 세로 30㎝, 두께 0.5㎝ 정도의 직사각형으로 밀어편 후 가장자리 1㎝만 남기고 녹인 버터를 두껍지 않게 바른다.

5. 충전용 설탕과 계피를 섞어 골고루 뿌려준다.

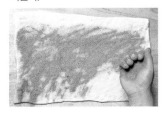

6. 원통형으로 단단하게 만 후 가장자리 1㎝에 물칠을 하고 이음매를 붙인다.

7. 모양은 야자잎형 18개, 트리플리프(세잎새형) 12개를 만든다.

야자잎 : 약 4㎝ 정도의 길이로 자른 후 가운데를 2/3 정도만 잘라 벌린다.

트리플리프 : 약 5㎝ 정도의 길이로 자른 후 3등분으로 나눠 각각 2/3 정도만 잘라 벌린다.

8. 온도 35~38℃, 습도 85% 상태에서 25~30분간 2차발효를 시킨다.

9. 윗불 190℃, 아랫불 150~160℃ 오븐에서 10~12분간 굽는다.

햄버거빵
Hamburger buns

배합표

재료	비율(%)	무게(g)
중력분	30	330
강력분	70	770
생이스트	3	33
제빵개량제	2	22
소금	1.8	19.8(20)
마가린	9	99
탈지분유	3	33
달걀	8	88
물	48	528
설탕	10	110
계	184.8	2,032.8

만드는 법

1. 마가린을 제외한 모든 재료를 믹서 볼에 넣고 믹싱한다.

2. 클린업단계에서 마가린을 넣고 최종단계까지 믹싱한다(반죽온도 27℃).
   햄버거 팬을 사용할 경우는 최종단계 후기까지, 평철판을 사용할 경우는 최종단계 중기까지 믹싱한다.

3. 온도 27℃, 습도 75~80% 상태에서 80~90분간 1차발효를 시킨다.

4. 60g씩 분할해 둥글리기한 후 10~20분간 중간발효를 시킨다.

5. 밀대로 반죽을 밀어 가스를 빼준 후 직경 7cm(구운 후 10cm) 정도의 원반 모양을 만든다.

빵이 부풀어 오를 것을 감안해 적당한 간격을 두고 철판에 팬닝한다.

6. 온도 35~38℃, 습도 85% 상태에서 30~40분간 2차발효를 시킨다.

햄버거 팬을 사용할 경우 습도는 90~95% 상태가 돼야 한다.

7. 200~210℃ 오븐에서 약 15~18분간 굽는다.
   윗면에 색이 나는 것을 살피면서 팬의 위치를 바꿔준다.

Point

햄버거빵은 성형을 할 때 균형이 잘 잡힌 원반형으로 만들고 구울 때 철판을 돌려가며 구워야 색이 고르게 난다.

단팥빵 비상스트레이트법

Red bean bread

단팥빵은 앙금이 반죽 겉으로 나오지 않도록 마무리를 꼼꼼히 해야 한다. 또 반죽과 함께 앙금도 발효를 하므로 반죽과 앙금의 무게를 일정하게 맞추어 분할해야 한다. 그리고 성형 시 전구를 이용할 경우는 칼집을 내주어야 굽고 난 다음 반죽이 달라붙지 않는다.

 시험시간 3시간

다음 요구사항대로 단팥빵(비상스트레이트법)을 제조하여 제출하시오.
1. 배합표의 각 재료를 계량하여 재료별로 진열하시오(9분). (충전용, 토핑용 재료는 계량시간에서 제외)
2. 반죽은 비상스트레이트법으로 제조하시오. (단, 유지는 클린업단계에 첨가하고, 반죽온도는 30℃로 한다.)
3. 반죽 1개의 분할무게는 50g, 팥앙금 무게는 40g으로 제조하시오.
4. 반죽은 24개를 성형하여 제조하고, 남은 반죽은 감독위원의 지시에 따라 별도로 제출하시오.

배합표

재료	비율(%)	무게(g)
강력분	100	900
물	48	432
이스트	7	63(64)
제빵개량제	1	9(8)
소금	2	18
설탕	16	144
마가린	12	108
탈지분유	3	27(28)
달걀	15	135(136)
계	204	1,836 (1,838)
통팥앙금(가당)	150	1,440

만드는 법

1. 마가린과 팥앙금을 제외한 모든 재료를 믹서 볼에 넣고 믹싱한다.

2. 클린업단계에서 마가린을 넣고 일반 단과자빵보다 20% 정도 반죽시간을 늘려 최종단계 후기까지 믹싱한다(반죽온도 30℃).

3. 온도 30℃, 습도 75~80% 상태에서 15~30분간 1차발효를 시킨다.

4. 50g씩 분할해 둥글리기한 후 중간발효를 시킨다.

5. 팥앙금을 40g씩 싸준다.

앙금이 중앙에 위치하고 양이 균일해야 한다.

6. 온도 35~43℃, 습도 85% 상태에서 25~30분간 2차발효를 시킨다.
   2차발효 때 반죽이 들뜨는 것을 막기 위해 가운데를 누른 경우 반드시 구멍을 내야 한다.

7. 윗불 190℃, 아랫불 160℃ 오븐에서 12~14분간 굽는다.

제품평가

1. 부피가 알맞고 균일해야 한다.
2. 둥근 모양이 균형이 잡히고 대칭을 이뤄야 한다.
3. 팥앙금이 반죽의 중앙에 위치하고 바닥에 비치지 않도록 한다.
4. 끈적거림이나 탄 냄새, 생재료의 맛이 나지 않고 부드럽고 은은한 향이 나야 한다.

 Point

〈비상스트레이트법의 필수조치 사항〉

반죽 조건		재료	
반죽시간	20~25% 늘림	물	1% 줄임
반죽온도	30℃	설탕	1% 줄임
1차발효시간	15~30분	이스트	2배 늘림

모카빵
Mocha bread

모카빵은 모카커피를 이용해 만든 빵으로 커피빵이라고도 한다. 모카빵의 특징은 커피를 첨가하고 윗부분에 토핑물을 씌우는 것이다. 이 빵은 커피의 고소한 맛과 빵의 부드러움, 토핑물의 단맛을 동시에 느낄 수 있다.

🕐 시험시간 3시간 30분

다음 요구사항대로 모카빵을 제조하여 제출하시오.

1. 배합표의 각 재료를 계량하여 재료별로 진열하시오(11분).
   (충전용, 토핑용 재료는 계량시간에서 제외)
2. 반죽온도는 27℃를 표준으로 하시오.
3. 반죽은 스트레이트법으로 제조하시오.
   (단, 유지는 클린업단계에서 첨가하시오.)
4. 반죽 1개의 분할무게는 250g, 1개당 비스킷은 100g씩으로 제조하시오.
5. 토핑용 비스킷은 주어진 배합표에 의거 직접 제조하시오.
6. 제품의 형태는 타원형(럭비공 모양)으로 제조하시오.
7. 완제품 6개를 제출하고 남은 반죽은 감독위원 지시에 따라 별도로 제출하시오.

배합표

빵반죽

재료	비율(%)	무게(g)
강력분	100	850
물	45	382.5(382)
이스트	5	42.5(42)
제빵개량제	1	8.5(8)
소금	2	17(16)
설탕	15	127.5(128)
버터	12	102
탈지분유	3	25.5(26)
달걀	10	85(86)
커피	1.5	12.75(12)
건포도	15	127.5(128)
계	209.5	1,780.75 (1,780)

토핑용 비스킷

재료	비율(%)	무게(g)
박력분	100	350
버터	20	70
설탕	40	140
달걀	24	84
베이킹 파우더	1.5	5
우유	12	42
소금	0.6	2
계	198.1	693

만드는 법

1. 사용할 물 일부에 커피를 녹인다.
2. 버터와 건포도를 제외한 모든 재료를 믹서 볼에 넣고 믹싱한다.
3. 클린업단계에서 마가린을 넣고 최종단계까지 믹싱한 후 건포도를 넣고 섞는다(반죽온도 27℃).
   건포도는 마지막 단계에 넣는다. 건포도가 터지면 발효가 제대로 안 된다.
4. 온도 27℃, 습도 75~80% 상태에서 45분간 1차발효를 시킨다.
5. 250g씩 분할해 둥글리기한 후 10~15분간 중간발효를 시킨다.
6. 밀대로 반죽을 밀어 가스를 빼준 후 타원형으로 만든다.

7. 토핑물을 두께가 0.4cm 정도인 타원형으로 밀어편다.

8. 토핑물로 반죽의 윗면을 완전히 싸주고 밑으로 집어넣어 준다.

9. 온도 35~38℃, 습도 85% 상태에서 20~25분간 2차발효를 시킨다.
10. 윗불 180℃, 아랫불 150℃ 오븐에서 30~35분간 굽는다.

● 토핑물(비스킷)

1. 버터, 소금, 설탕을 섞은 후 달걀을 조금씩 넣으면서 크림 상태로 만든다.
2. 박력분과 베이킹 파우더를 체로 친 후 가볍게 섞어 한덩어리로 만든다.
3. 미지근한 우유를 넣어주며 되기를 조절하고 균일하게 혼합한다.

생크림식빵

Fresh cream

생크림이란

우유를 원심분리하면 탈지유와 크림층(유지방)으로 나눠지는데 이 중 크림층(지방분)만을 분리한 것을 생크림이라고 한다. 한국에서는 유지방 18% 이상인 크림을 생크림이라고 한다. 생크림은 용도에 따라 유지방 함량이 다른데 커피나 조리용은 10~30%, 휘핑용은 30% 이상, 아이스크림이나 버터의 원료는 79~80% 이상이다.

배합표

재료	비율(%)	무게(g)
강력분	100	1,100
물	28	308
생이스트	3	33
제빵개량제	1	11
소금	2	22
설탕	10	110
마가린	10	110
탈지분유	3	33
달걀	15	165
우유	9	99
생크림	14	154

만드는 법

1. 마가린을 제외한 모든 재료를 믹서 볼에 넣고 믹싱한다.

2. 클린업단계에서 마가린을 넣고 최종단계까지 믹싱한다(반죽온도 27℃).

3. 온도 27℃, 습도 75% 상태에서 60분간 1차발효를 시킨다.

4. 450g씩 분할해 둥글리기한 후 20분간 중간발효를 시킨다.

5. 밀대로 반죽을 밀어 가스를 빼준 후 둥글게 말아서 원로프형으로 식빵 틀에 넣는다.

6. 온도 35~38℃, 습도 85% 상태에서 40분간 2차발효를 시킨다.

7. 180~190℃ 오븐에서 30분간 굽는다.

시너먼 롤

Cinnamon roll

배합표

빵반죽

재료	비율(%)	무게(g)
강력분	100	1,000
물	58	580
생이스트	4	40
제빵개량제	2	20
소금	2	20
설탕	12	120
마가린	12	120

충전물

재료	비율(%)	무게(g)
설탕	100	200
케이크크럼	75	150
계피가루	5	10

만드는 법

1. 마가린을 제외한 모든 재료를 믹서 볼에 넣고 믹싱한다.

2. 클린업단계에서 마가린을 넣고 최종단계까지 믹싱한다(반죽온도 27℃).

3. 온도 27℃, 습도 75~80% 상태에서 60분간 1차발효를 시킨다.

4. 600g씩 분할해 둥글리기한 후 20분간 중간발효를 시킨다.

5. 밀대로 반죽을 밀어 장방형으로 만든다.

6. 장방형 반죽 위에 충전물을 골고루 뿌린다.

7. 타원형으로 말아준 후 식빵 틀에 넣고 젓가락 등을 이용해 구멍을 뚫어준다.
   충전물이 퍼지지 않고 고른 모양을 내기 위해 구멍을 뚫는다.

8. 온도 35~38℃, 습도 85% 상태에서 35~40분간 2차발효를 시킨다.

9. 표면에 달걀물을 바르고 200℃ 오븐에서 30분간 굽는다.

● 토핑물(비스킷)

설탕, 케이크크럼, 계피가루를 골고루 섞는다.

버터크림빵
Butter cream bread

배합표

빵반죽

재료	비율(%)	무게(g)
강력분	100	1,000
물	45	450
생이스트	5	50
제빵개량제	1	10
소금	1	10
설탕	15	150
마가린	15	150
탈지분유	3	30
달걀	15	150

버터크림

재료	비율(%)	무게(g)
설탕	40	400
물	17	170
물엿	8	80
버터	75	750
쇼트닝	25	250
연유	3	30
럼	7	70

만드는 법

1. 마가린을 제외한 모든 재료를 믹서 볼에 넣고 믹싱한다.

2. 클린업단계에서 마가린을 넣고 최종단계까지 믹싱한다(반죽온도 27℃).

3. 온도 27℃, 습도 80% 상태에서 70~80분간 1차발효를 시킨다.

4. 45g씩 분할해 둥글리기한 후 10~15분간 중간발효를 시킨다.

5. 밀대로 반죽을 밀어 가스를 빼준 후 둥글게 말아 길이가 12㎝ 정도인 고구마형을 만든다.

6. 온도 35℃, 습도 85% 상태에서 30~35분간 2차발효를 시킨다.

7. 210~220℃ 오븐에서 13~17분간 굽는다.

8. 구운 빵을 식힌 후 버터크림을 충전한다.

● 버터크림

1. 물과 설탕을 섞고 4~5분간 가열한 후 물엿을 넣고 114~118℃까지 끓인 다음 식힌다.

2. 버터와 쇼트닝을 부드러운 크림 상태로 만든 후 조금씩 나눠 넣으면서 저속 또는 중속으로 믹싱해 부드러운 크림 상태로 만든다.

3. 연유, 럼을 넣어 섞는다.

멜론빵
Melon bread

멜론빵은 설탕 배합량을 일반빵 반죽보다 10~30% 늘린 스위트 롤을 비스킷 반죽으로 감싸 구운 제품으로, 표면에 격자 무늬를 새기는 것이 특징이다.

배합표

빵반죽

재료	비율(%)	무게(g)
강력분	100	1,000
물	47	470
생이스트	3.5	35
제빵개량제	1	10
소금	1.8	18
설탕	10	100
마가린	10	100
탈지분유	2	20
달걀	15	150
초코칩		

토핑용(비스킷)

재료	비율(%)	무게(g)
박력분	100	700
마가린	20	140
설탕	33	231
달걀	20	140
베이킹파우더	1	7

만드는 법

1. 마가린을 제외한 모든 재료를 믹서 볼에 넣고 믹싱한다.

2. 클린업단계에서 마가린을 넣고 최종단계까지 믹싱한다(반죽온도 27℃).

3. 온도 27℃, 습도 75~80% 상태에서 40분간 1차발효를 시킨다.

4. 50g씩 분할해 둥글리기한 후 10~15분간 중간발효를 시킨다.

5. 토핑물은 35g씩 분할해 얇게 밀어 편다.

6. 빵반죽에 물을 묻히고 토핑물을 씌운다.

7. 설탕을 묻히고 스크레이퍼를 이용해 격자무늬를 낸다.

8. 온도 35~38℃, 습도 75~80% 상태에서 30분간 2차발효를 시킨다.

   발효실 습도가 높으면 설탕이 녹아버려 제품에 설탕이 남지 않으므로 습도를 낮춘다.

9. 초코칩을 뿌리고 200~210℃ 오븐에서 18~20분간 굽는다.

● 토핑물(비스킷)

1. 설탕과 마가린을 섞어 크림 상태로 만든다.

2. 달걀을 조금씩 넣으면서 크림 상태를 만든다.

3. 박력분과 베이킹파우더를 체로 친 후 나무주걱으로 2와 부드럽게 섞어 한 덩어리로 만든다.

프랑스빵
French bread

밀가루와 물을 위주로 만드는 저배합의 긴모양을 한 프랑스빵을 바게트라고 한다. 딱딱하고 매끈한 겉모양, 섬세하고 윤이 나는 껍질, 기공이 많은 내부 조직이 특징이다.

배합표

재료	비율(%)	무게(g)
강력분	100	1,000
물	65	650
이스트	3.5	35(36)
제빵개량제	1.5	15(16)
소금	2	20
계	172	1,720 (1,722)

제품평가

1. 빵을 들어보면 부피에 비해 가벼워야 한다.
2. 전체적으로 균형이 잘 잡혀야 하고 칼집이 잘 벌어져 있어야 한다.
3. 껍질은 바삭하고 구수한 맛과 향이 나야 한다.
4. 속결은 기공과 조직이 부드럽고 조직이 조금씩 열린 커다란 기공이 있어야 한다.

만드는 법

1. 모든 재료를 믹서 볼에 넣고 저속 2분, 중속 7~8분간 믹싱하다가 반죽이 약 80% 진행된 상태에서 멈춘다(반죽온도 25~26℃).

2. 온도 27℃, 습도 75% 상태에서 70~80분간 1차발효를 시킨다.

3. 반죽을 200g씩 분할해 타원형으로 둥글리기한 후 20~30분간 중간발효를 시킨다.

4. 길이 30㎝ 정도의 둥근 막대 모양으로 만들어 철판 위에 놓는다.

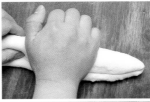

성형 방법은 여러 가지가 있지만 어떤 식이든지 이음매가 일관성 있게 일자로 단단히 봉합되어야 한다.

5. 온도 30~33℃, 습도 75% 상태에서 50~70분간 2차발효를 시킨다.

6. 5군데 정도 칼집을 넣는다.

발효실에서 꺼낸 후 제품의 표면이 약간 마른 후에 칼집을 넣는 것이 좋다.
칼집을 넣는 이유는 다른 곳이 터지는 것을 방지하고 부풀림이 좋고, 속결을 부드럽게 해주기 위해서다.

7. 반죽 표면에 분무기로 물을 충분히 뿌리고 230℃ 오븐에서 30~35분간 굽는다.

스팀오븐을 사용할 때는 반죽을 오븐에 넣고 7~10초간 스팀을 분사한다.

〈오븐에 스팀을 넣는 이유〉

1. 커팅 부분을 보기 좋게 터지게 한다.
2. 부피가 큰 제품을 얻을 수 있다.
3. 껍질의 광택이 좋다.

프랑스빵을 만들 때는 일반 식빵에 비해 믹싱을 적게 하고 반죽을 되게 하며 2차발효 시 다른 제품보다 온도, 습도를 낮게 한다. 이는 흐름성을 방지해 제품이 옆으로 퍼지는 것을 방지하고 막대기 모양으로 둥글게 하기 위해서다.

더치빵
Dutch bread

배합표

빵반죽

재료	비율(%)	무게(g)
강력분	100	1,100
물	60~65	660~715
이스트	4	44
제빵개량제	1	11(12)
소금	1.8	20
설탕	2	22
쇼트닝	3	33(34)
탈지분유	4	44
흰자	3	33(34)
계	178.8	1,967 (2,015)

토핑

재료	비율(%)	무게(g)
멥쌀가루(습식)	100	200
중력분	20	40
이스트	2	4
설탕	2	4
소금	2	4
물	(85)	(170)
마가린	30	60
계	241	482

Point

더치빵을 만들 때는 토핑물의 두께를 잘 조절해야 한다. 너무 두껍게 바르면 구운색이 나지 않고 큰 균열이 생긴다. 반면 너무 얇을 경우는 균열이 생기지 않는다.

만드는 법

1. 쇼트닝을 제외한 모든 재료를 믹서 볼에 넣고 믹싱한다.

2. 클린업단계에서 쇼트닝을 넣고 최종단계까지 믹싱한다(반죽온도 27℃).

3. 온도 27℃, 습도 80% 상태에서 60~70분간 1차발효를 시킨다.

4. 300g씩 분할해 둥글리기한 후 10~15분간 중간발효를 시킨다.

5. 밀대로 반죽을 밀어 가스를 빼준 후 타원형으로 길게 밀어펴서 고구마 형태로 만다.

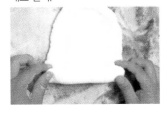

6. 한 팬에 3개씩 놓고 온도 35~38℃, 습도 80% 상태에서 25~35분간 2차발효를 시킨다.

7. 5~6분간 건조시킨 다음 토핑용 반죽을 빵반죽 위에 고르게 바른다.

8. 200~210℃ 오븐에서 30~40분간 굽는다.

● 토핑용 반죽

1. 용해 마가린을 제외한 모든 재료를 골고루 혼합한다.

2. 온도 27℃, 습도 80% 상태에서 60분간 발효시킨 후 용해마가린을 넣고 혼합한다(반죽온도 27℃).

토핑용 반죽은 빵반죽의 1차발효가 끝날 때 쯤 만든다.

제품평가

1. 찌그러짐이 없고 대칭을 이뤄야 한다.

2. 토핑물이 고른 균열 상태를 보이고 빵 표면에서 떨어지지 않고 잘 붙어 있어야 한다.

3. 기공과 조직이 부드럽고 속결이 너무 조밀하지 않으며 밝은 색을 띠어야 한다.

4. 토핑물의 바삭함. 쌀가루 맛과 더치빵 특유의 씹는 맛, 발효향이 잘 어울려야 한다.

하드롤
Hard roll

 하드롤은 굽는 중에 증기를 쐬어주지 않으면 제품 부피, 외피 색깔 등에 차이가 생기므로 주의해야 한다. 따라서 증기분무 식 오븐이 아니면 분무기를 이용해 충분히 물을 뿌려줘야 한다. 또 보통 식빵보다 온도를 낮춰 2차발효를 오래 시키는 것 이 좋다.

배합표

재료	비율(%)	무게(g)
강력분	100	1,100
물	58	638
이스트	2.5	27.5
제빵개량제	1.5	16.5
소금	1.8	19.8
설탕	2	22
쇼트닝	2	22
달걀 흰자	3	33
분유	1	11
계	171.8	1,889.8

만드는 법

1. 쇼트닝을 제외한 모든 재료를 믹서 볼에 넣고 믹싱한다.

2. 클린업단계에서 쇼트닝을 넣고 보통 식빵 반죽의 70~80%까지 믹싱한다(반죽온도 24℃).

3. 온도 27℃, 습도 75~85% 상태에서 80~90분간 1차발효를 시킨다.

4. 50g씩 분할해 둥글기한 후 15~25분간 중간발효를 시킨다.

5. 작은 공 모양으로 만든 후 이음매를 잘 봉한다.

6. 철판에 기름을 칠하고 이음매가 아래로 가도록 반죽을 늘어놓는다.

7. 온도 30~33℃, 습도 75~80% 상태에서 45~60분간 2차발효를 시킨다.

8. 0.2cm 정도의 깊이로 1~2곳 정도 칼집을 낸다.

시험 당일 감독위원의 지시에 따라 칼집을 낸다. 반죽의 거죽이 완전히 잘려야 한다.

〈칼집의 모양〉

9. 스팀을 주입한다.

10. 210~220℃ 오븐에서 30~35분간 굽는다.

제품평가

1. 제품을 들어보면 부피에 비해 가벼운 느낌을 줘야 한다.

2. 균형이 잘 잡혀 전체적으로 둥근 공 모양이고 칼집을 넣은 곳 외에는 터짐이 없어야 한다.

3. 껍질은 얇고 부서지기 쉬우며 연한 밀짚 색을 띠어야 한다.

4. 세포벽은 얇고 기공이 너무 조밀하지 않아야 한다.

5. 껍질은 바삭한 반면 속은 부드럽고 구수하며 부드러운 맛과 향이 나야 한다.

〈맥아를 사용하는 이유〉

밀가루 전분이 분해되면서 탄산가스를 배출해야 발효속도를 촉진시킬 수 있는데 프랑스빵류 배합에는 이 역할을 하는 설탕같은 당류가 없어 아밀라제를 함유한 맥아를 사용하는 것이다.

마늘바게트
Garlic baguette

배합표

빵반죽

재료	비율(%)	무게(g)
강력분	80	800
중력분	20	200
물	60	600
생이스트	3	30
이스트푸드	0.15	1.5
소금	2	20
설탕	3	30

마늘버터크림

재료	비율(%)	무게(g)
버터	100	100
마늘가루	5.5	5.5
생마늘	15	15
레몬즙	1.5	1.5
파슬리		적당량

만드는 법

1. 모든 재료를 믹서 볼에 넣고 저속 2분, 중속 7~8분간 믹싱해 반죽이 약 80% 정도 진행된 상태까지 믹싱한다 (반죽온도 25~26℃).

2. 온도 27℃, 습도 75~80% 상태에서 40~50분간 1차발효를 시킨다.

3. 200g씩 분할해 둥글리기한 후 15~20분간 중간발효를 시킨다.

4. 밀대로 반죽을 밀어 가스를 빼준 후 길이가 30㎝ 정도인 둥근 막대 모양을 만든다.

5. 온도 33℃, 습도 75~80% 상태에서 30분간 2차발효를 시킨다.

6. 한 일자로 칼집을 낸 후 버터를 길게 짜준다.

버터를 짜주면 칼집낸 곳이 잘 벌어진다.

7. 스팀을 주입하고 200℃ 오븐에서 30~35분간 굽는다.

8. 굽는 도중 연한 갈색이 나면 마늘버터크림을 바르고 계속 굽는다.

처음부터 마늘버터크림을 바르고 구우면 파슬리가 타기 때문에 굽는 도중에 바른다.

● 마늘버터크림

1. 생마늘과 파슬리는 잘게 다진다.
   생마늘을 잘게 다져 사용하면 마늘 특유의 강한 향을 낼 수 있다.

2. 버터를 믹싱해 크림 상태로 만든다.

3. 모든 재료를 혼합한다.

류스틱
Pain Rustique

배합표

재료	비율(%)	무게(g)
강력분	80	1,600
중력분	20	400
소금	2.1	42
인스턴트이스트	0.4	8
몰트	0.3	6
물	75	1500

만드는 법

1. 밀가루, 물, 몰트 등을 넣고 저속에서 3분 정도 믹싱한 다음 15~20분간 휴지시킨다.

2. 이스트, 소금을 첨가하고, 다시 저속에서 7~8분간 믹싱한다. 반죽온도는 24℃가 적당하다.

3. 5분 후 펀치, 60분 후 펀치, 90분 후 펀치(이 단계에서 구워도 됨), 90분 후 펀치, 30분 후 펀치를 한 다음 180g의 사각형으로 분할한다.

4. 분할한 그대로 2차발효시켜 200℃ 오븐에서 25~30분간 굽는다.
   분할된 단면을 그대로 살린 심플한 빵이다.

치즈 로즈마리 빵
Cheese Rosemary

배합표

재료	비율(%)	무게(g)
필링용 치즈	30	300
로즈마리 (바질도 사용 가능)	0.3	3
반죽용 강력분	100	1,000
인스턴트드라이이 스트 (생이스트는 3%, 유산균이 없을 때는 생이스트를 4% 사용)	1	10
소금	2.1	21
설탕	3	30
버터	5	50
탈지분유	3	30
몰트	0.5	5
유산균	5	50
물	70	700

만드는 법

1. 저속 3분, 중속 4분, 버터 투입, 중속 5분의 순으로 믹싱한다. 반죽온도는 28℃가 적당하다.

2. 90분간 발효시킨 후 펀치를 하고 다시 30분간 발효시킨다.

3. 작은 것은 50g, 큰 것은 200g으로 분할해 중간발효시킨다.

4. 50g 반죽은 다시 둥글리고 200g 반죽은 세 번 접는다.

5. 표면에 흰자를 칠한 다음 흰깨를 듬뿍 묻혀 2차발효시킨다. 물을 표면에 칠할 경우 증발해서 깨가 금방 떨어져 버리는 단점이 있다.

6. 200g 반죽은 표면에 쿠프를 넣은 다음 스팀을 뿌린 오븐에서 굽는다.

카이저젬멜
Kaisersemmel

배합표

재료	비율(%)	무게(g)
강력분	100	1,000
소금	2	20
탈지분유	2	20
쇼트닝	3	30
인스턴트이스트	0.8	8
몰트엑기스	0.3	3
물	68	680
양귀비씨	적당량	

만드는 법

1. 체 친 가루류와 물을 넣고 저속에서 6분, 중속에서 2분 정도 믹싱한다. 믹싱을 끝낸 반죽은 막이 얇고 부드럽지만 지나치게 늘어나지 않을 정도로 하며 반죽온도는 26℃가 적당하다.

2. 30℃에서 70분 정도 1차발효를 하고 40분쯤에 상태를 보고 펀치를 한다.

3. 1차발효된 반죽을 50~60g씩 분할해 둥글리기하고 15분간 벤치타임을 둔다.

4. 반죽을 손바닥으로 눌러 가스를 빼고 재둥글리기하고 온도 32℃, 습도 75%의 발효실에서 20분 동안 2차발효를 한다.

5. 카이저젬멜 전용도구를 사용해 별 모양을 넣고, 토핑할 반죽은 윗면에 물을 발라 토핑물을 묻힌다.

6. 230℃의 오븐에서 스팀을 넣어 22~24분간 구워낸다.

프루츠 브레드
Fruit Bread

배합표

재료	비율(%)	무게(g)
필링용 프루츠믹스 (오렌지필, 레몬필, 건포도 등이 섞인 것)	60	600
플럼	20	200
무화과 말린 것	20	200
호두	30	300
시너먼파우더	0.5	5
반죽용 강력분	100	1,000
인스턴트드라이이스트 (생이스트는 3%, 유산균이 없을 때는 생이스트를 4% 사용)	1	10
소금	2.1	21
설탕	3	30
버터	5	50
탈지분유	3	30
몰트	0.5	5
유산균	5	50
물	70	700

만드는 법

1. 저속 3분, 중속 4분, 버터 투입, 중속 5분의 순으로 믹싱한다. 반죽온도는 28℃가 적당하다.

2. 90분간 발효시킨 후 펀치를 하고 다시 30분간 발효시킨다.

3. 흰 반죽(겉을 쌀 반죽)과 프루츠 반죽(프루츠를 넣을 반죽)으로 분할한다. 만약 2kg 반죽(밀가루양)의 경우, 총 반죽의 무게는 약 3.5kg이 된다.
   여기서 흰 반죽을 270g씩 4개, 프루츠 반죽을 1.08kg 4개로 분할하면 된다.

4. 흰 반죽은 둥글려서 발효시키고, 프루츠 반죽은 필링용 프루츠를 잘 섞은 다음 20분간 휴지시킨다.

5. 흰 반죽을 밀대로 밀어 편 다음 타원형으로 만든 프루츠 반죽을 싼다.
   이때 흰 반죽에 달걀물칠을 해두면 프루츠 반죽이 잘 붙는다.

6. 반죽 앞, 뒤로 밀가루를 충분히 묻힌 다음 30℃에서 1시간 정도 2차발효시킨다.

7. 프랑스 빵보다 10℃가량 낮은 온도에서 45분간 굽는다.

빵도넛
Yeast doughnuts

다음 요구사항대로 빵도넛을 제조하여 제출하시오.

1. 배합표의 각 재료를 계량하여 재료별로 진열하시오(12분).
2. 반죽을 스트레이트법으로 제조하시오.
   (단, 유지는 클린업단계에서 첨가하시오.)
3. 반죽온도는 27℃를 표준으로 하시오.
4. 분할무게는 46g씩으로 하시오.
5. 모양은 8자형 22개와 트위스트형(꽈배기형) 22개로 만드시오.
6. 남은 반죽은 감독위원의 지시에 따라 별도로 제출하시오.

배합표

재료	비율(%)	무게(g)
강력분	80	880
박력분	20	220
설탕	10	110
쇼트닝	12	132
소금	1.5	16.5(16)
탈지분유	3	33(32)
이스트	5	55(56)
제빵개량제	1	11(10)
바닐라향	0.2	2.2(2)
달걀	15	165(164)
물	46	506
넛메그	0.2	2.2(2)
계	193.9	2,132.9 (2,130)

제품평가

1. 앞·뒷면은 황금갈색이 나게, 옆면은 연한 갈색이 나게 튀긴다.
2. 속결은 밝고 연한 미색을 띠어야 하며 기름을 많이 흡수하지 않아야 한다.
3. 씹는 맛이 부드럽고 탄력성이 있으며 느끼한 기름 맛이 없고 발효 향이 은은해야 한다.

만드는 법

1. 쇼트닝을 제외한 모든 재료를 믹서 볼에 넣고 믹싱한다.
2. 클린업단계에서 쇼트닝을 넣고 보통 식빵 반죽의 90% 정도까지 믹싱한다 (반죽온도 27℃).
3. 온도 27℃, 습도 75~80% 상태에서 40~50분간 1차발효를 시킨다.
4. 46g씩 분할해 둥글리기한 후 15분간 중간발효를 시킨다.
5. 8자형과 트위스트형(꽈배기형)으로 만든다.
   8자형 : 반죽을 25㎝ 길이로 늘린 후 검지 손가락에 걸어 8자형으로 한바퀴 돌린 후 끝이 빠지지 않도록 잘 넣는다.

꽈배기형 : 반죽을 30㎝ 길이로 늘린 후 끝부분을 양손으로 잡고 비틀어 준 다음 이를 서로 엇갈리게 꼬아준다. 이음매가 떨어지지 않도록 잘 붙여야 한다.

6. 30~32℃, 습도 75% 상태에서 20~25분간 2차발효를 시킨다.
7. 185℃ 온도의 기름에 넣고 1분 30초~2분간 튀긴다.
   한 면을 1분 정도씩 튀기면 적당하고 한 번 튀긴 곳은 다시 튀기지 않는다. 다시 튀기면 기름 흡수가 많아 담백한 맛이 나지 않는다.
8. 제공되는 도넛설탕가루를 골고루 묻힌다.

Point

빵도넛을 튀기는 동안 자주 뒤집으면 부피가 작아진다. 또 기름 온도가 낮으면 제품이 퍼지고 많이 부풀어 오르기 때문에 튀기는 동안 신경을 써야 한다. 적당한 튀김온도는 반죽을 넣으면 금방 떠오르거나 물 한방울을 떨어뜨리면 탁 튀는 상태(180~190℃)이다.

크로켓

Croguette

배합표

빵반죽

재료	비율(%)	무게(g)
강력분	100	1,000
물	53	530
생이스트	4	40
제빵개량제	1	10
소금	1.8	18
설탕	8	80
마가린	10	100
탈지분유	2	20
달걀	10	100

충전물

재료	무게(g)
쇠고기	150
감자	4개
달걀	10개
양파	3개
당근	1/2개
대파	1/2개
소금	약간
후추	약간

만드는 법

1. 마가린을 제외한 모든 재료를 믹서 볼에 넣고 믹싱한다.

2. 클린업단계에서 마가린을 넣고 최종단계까지 믹싱한다(반죽온도 27℃).

3. 온도 27℃, 습도 75~80% 상태에서 40~50분간 1차발효를 시킨다.

4. 45g씩 분할해 둥글리기한 후 10분간 중간발효를 시킨다.

5. 식힌 충전물을 넣고 싼다.

이음매의 마무리를 잘 해야 튀기는 도중 터지지 않는다.

6. 물에 살짝 담근 후 빵가루를 골고루 묻힌다.

7. 온도32~35℃, 습도 80% 상태에서 20분간 2차발효를 시킨다.

8. 포크로 1번 정도 구멍을 뚫어준다.
   반죽과 충전물 사이 빈 공간에 남아 있는 공기를 빼는 역할을 한다.

9. 180℃ 온도의 기름에서 1분~1분 30초간 튀긴다.

충전 재료는 이미 익힌 상태이기 때문에 반죽만 익으면 된다. 지나치게 오래 튀기면 기름 흡수가 많아 느끼해진다.

● 충전물

1. 달걀과 감자는 삶은 후 굵은 체로 내린다.

2. 야채는 채 썰어 살짝 볶는다.

3. 쇠고기를 다져 완전히 익힌 후 모든 재료를 넣고 섞으면서 소금과 후추로 간을 한다.

소시지도넛
Sausage doughnuts

배합표

재료	비율(%)	무게(g)
강력분	100	1,000
물	52	520
생이스트	4	40
제빵개량제	1	10
소금	2	20
설탕	10	100
마가린	10	100
탈지분유	3	30
달걀	10	100
소시지		47개
빵가루		적당량

만드는 법

1. 마가린을 제외한 모든 재료를 믹서 볼에 넣고 믹싱한다.

2. 클린업단계에서 마가린을 넣고 최종단계까지 믹싱한다(반죽온도 27℃).

3. 온도 27℃, 습도 75~80% 상태에서 50~60분간 1차발효를 시킨다.

4. 40g씩 분할해 둥글리기한 후 10~15분간 중간발효를 시킨다.

5. 반죽을 25㎝ 길이로 늘린 후 소시지에 감는다.
   튀길 때 반죽이 풀리지 않도록 처음과 끝의 반죽을 잘 집어 넣는다.

6. 물을 묻힌 후 빵가루를 묻힌다.

7. 온도 35℃, 습도 75~80% 상태에서 25~30분간 2차발효를 시킨다.

8. 180~185℃ 온도의 기름에서 1분 30초~2분간 튀긴다.

앙금도넛
Red bean doughnuts

배합표

재료	비율(%)	무게(g)
강력분	80	800
박력분	20	200
물	42	420
생이스트	4	40
제빵개량제	1	10
소금	1	10
설탕	13	130
마가린	10	100
탈지분유	3	30
달걀	15	150
앙금	130	1,300

만드는 법

1. 쇼트닝을 제외한 모든 재료를 믹서 볼에 넣고 믹싱한다.

2. 클린업단계에서 마가린을 넣고 최종단계까지 믹싱한다(반죽온도 27℃).

3. 온도 27℃, 습도 75~80% 상태에서 50~60분간 1차발효를 시킨다.

4. 40g씩 분할해 둥글리기한 후 10~15분간 중간발효를 시킨다.

5. 앙금을 35g씩을 싼다.

6. 온도 35℃, 습도 75~80% 상태에서 25~30분간 2차발효를 시킨다.

7. 나무젓가락으로 1번 정도 구멍을 뚫어준다.
   앙금과 반죽 사이에 있는 빈 공간의 공기를 빼주는 역할을 한다.

8. 185~190℃ 온도의 기름에서 1분 30초~2분간 튀긴다.

소시지빵
Sausage bun

소시지를 이용해 비교적 손쉽게 만들 수 있는 조리빵이다. 빵반죽과 충전물, 토핑이 모두 들어가는 빵으로 조리빵의 기본을 익힐 수 있으며, 빵의 모양도 다양하게 만들 수 있다.

다음 요구사항대로 소시지빵을 제조하여 제출하시오.

1. 반죽 재료를 계량하여 재료별로 진열하시오(10분).
   (토핑 및 충전물 재료는 계량시간에서 제외.)
2. 반죽은 스트레이트법으로 제조하시오.
3. 반죽온도는 27℃를 표준으로 하시오.
4. 반죽 분할무게는 70g씩 분할하시오.
5. 완제품(토핑 및 충전물 완성)은 12개 제조하여 제출하시오.
6. 충전물은 발효시간을 활용하여 제조하시오.
7. 정형 모양은 낙엽모양 6개와 꽃잎모양 6개씩 2가지로 만들어서 제출하시오.

배합표

빵반죽

재료	비율(%)	무게(g)
강력분	80	560
중력분	20	140
생이스트	4	28
제빵개량제	1	6
소금	2	14
설탕	11	76
마가린	9	62
탈지분유	5	34
달걀	5	34
물	52	364
계	189	1,318

토핑 및 충전물

재료	비율(%)	무게(g)
프랑크소시지	100	(480)
양파	72	336
마요네즈	34	158
피자치즈	22	102
케찹	24	112
계	252	1,188

만드는 법

1. 마가린을 제외한 모든 재료를 믹서볼에 넣고 믹싱한다.

2. 클린업단계에서 마가린을 넣고 최종단계까지 믹싱한다(반죽온도 27℃).

3. 온도 27℃, 습도 75~80% 상태에서 50~60분 동안 1차발효시킨다.

4. 70g씩 분할해 둥글리기한 후 10~20분 동안 중간발효시킨다.

5. 반죽을 손으로 눌러 가스를 빼준다.

6. 반죽 위에 프랑크소시지를 넣고 말아준다.

7. 반죽을 6~8등분하여 낙엽모양, 꽃잎모양으로 성형한 다음 팬닝한다.

8. 온도 35~38℃, 습도 80% 상태에서 30~35분 동안 2차발효시킨다.

9. 반죽 위에 다진 양파와 마요네즈를 섞어 올리고, 피자치즈를 올린 다음 케찹을 뿌린다.

10. 윗불 200℃, 아랫불 160℃ 오븐에서 약 10~12분 동안 굽는다.

피자
Pizza

배합표

피자껍질

재료	비율(%)	무게(g)
중력분	100	1,000
설탕	5	50
소금	2	20
식용유	8	80
이스트	5	50
물	50	500
계	170	1,700

충전물

재료	비율(%)	무게(g)
토마토 페이스트	70	280
토마토 소스	30	120
양파	20	80
마늘	5	20
식용유	10	40
햄	20	80
소금	1	4
피망	20	80
오레가노	1	4
피자치즈	100	400
계	277	1,108

만드는 법

1. 모든 재료를 믹서 볼에 넣고 보통 식빵 반죽의 70~80% 상태인 발전단계 중기까지 믹싱한다(반죽온도 30℃).

2. 온도 30℃, 습도 75~80% 상태에서 50~60분간 1차발효를 시킨다.

3. 280g씩 분할해 둥글리기한 후 15~20분간 중간발효를 시킨다.

4. 두께가 일정하고 지름이 30㎝인 원판 모양으로 성형하되 가장자리는 조금 도톰하게 잡는다.

5. 반죽을 피자 팬에 넣고 가장자리에 식용유를 바른 후 충전물 1을 고른 두께로 바른다.

6. 충전물 2를 보기 좋게 올리고 피자치즈와 오레가노를 알맞게 뿌린다.

7. 230~250℃ 오븐에서 10~15분간 굽는다.
   껍질이 완전히 익고 치즈가 녹아 흐르는 상태가 적당하다.

● 충전물

1. 토마토 페이스트, 토마토 소스, 마늘, 소금, 약간의 오레가노를 섞고 식용유로 되기를 조절한다.

2. 피망, 햄, 양파, 피자치즈는 알맞은 크기로 썬다.

제품평가

1. 분할무게와 비교해 껍질의 두께가 알맞아야 한다.

2. 껍질과 충전물의 양이 균형을 이루고 둥근 모양이 서로 대칭돼야 한다.

3. 껍질 바닥은 연한 갈색, 테두리는 좀 더 진한 갈색을 띠어야 한다.

4. 토마토 페이스트와 오레가노 향이 잘 어울려야 한다.

쿠페

Coupé pain

배합표

재료	비율(%)	무게(g)
강력분	100	1,000
설탕	4	40
소금	2	20
분유	5	50
버터	6	60
물	45	450
우유	20	200
이스트	4	40

만드는 법

1. 버터를 제외한 모든 재료를 넣어 믹싱한다. 재료가 섞여 적당히 반죽되면 버터를 넣고 다시 믹싱한다.

2. 150g로 분할한 다음 중간발효시키고 긴 타원 모양으로 성형한다.

3. 2차발효시킨 다음 110℃ 오븐에서 15분간 굽는다.

4. 구워지면 파니니를 반으로 잘라 피자 소스를 바른다. 옥수수 통조림, 햄, 피망, 피클, 양송이, 양파를 적당하게 썰어 마요네즈와 버무린 재료를 올린다.

5. 마지막으로 피자 치즈를 올려 170℃ 오븐에서 10분간 굽는다.

6. 잘게 썬 파슬리를 올려 마무리한다.

● **토핑용 재료**

옥수수 통조림, 햄, 피망, 피클, 양송이, 양파, 마요네즈, 피자 소스, 피자 치즈, 파슬리 가루

잉글리시 머핀
English muffin

다음 요구사항대로 잉글리시머핀을 제조하여 제출하시오.

1. 배합표의 각 재료를 계량하여 재료별로 진열하시오(8분).
   - 재료계량(재료당 1분) → [감독위원 계량확인] → 작품제조 및 정리정돈(전체시험시간−재료계량시간)
   - 재료계량 시간 내에 계량을 완료하지 못하여 시간이 초과된 경우 및 계량을 잘못한 경우는 추가의 시간 부여 없이 작품제조 및 정리정돈 시간을 활용하여 요구사항의 무게대로 계량

2. 스트레이트법 공정에 의해 제조하시오(반죽온도는 27℃로 한다).
3. 표준분할무게는 40g으로 분할하시오.
   (별도의 잉글리시 머핀틀을 사용하지 않고 제조하시오.)
4. 반죽을 전량을 사용하여 성형하시오.

※ 상기품목은 2023년 상반기 중 공지에 따라 레시피 등 일부가 변경될 수 있으며 공지내용은 Q−net(www.q−net.co.kr)또는 Patissier 홈페이지(www.bncworld.co.kr)에서 확인할 수 있습니다.

배합표

재료	비율(%)	무게(g)
강력분	100	1000
물	60	600
이스트	3	30
개량제	2	20
소금	1	10
설탕	4	40
버터	6	60
사과식초	0.5	5(6)
계	176.5	1,765

만드는 법

1. 버터를 제외한 모든 재료를 믹서 볼에 넣고 믹싱한다.

2. 클린업 단계 이후 버터를 넣고 최종단계까지 믹싱한다(반죽온도 27℃).

3. 온도 27~29℃, 습도 75~80% 상태에서 50~60분간 1차 발효시킨다.

4. 40g씩 분할해 둥글리기 하고 10~15분 동안 중간발효 시킨다.

5. 철판에 기름을 바르고 중간발효를 마친 반죽의 가스를 뺀 다음 세몰리나 밀가루를 묻혀 팬닝한다.

6. 온도 33~38℃, 습도 85~90% 상태에서 25~30분 동안 2차발효시킨다.

7. 윗불 200℃, 아랫불 180℃ 로 예열한 오븐에서 15~20분 동안 위아래 양면이 동일한 색이 나도록 굽는다.

※ 굽기 전 평철판 네 귀퉁이에 높이에 맞는 나무토막(받침대용)등을놓고, 실리콘페이퍼를 덮은 뒤 다른 한 장의 평철판을 준비해 그 위에 덮어 굽는다.
※ 반죽 위에 철판을 얹는 것은 아래 위가 평평한 모양을 만들기 위해서다.

Point

전용틀 없이 평철판을 이용해 잉글리시 머핀을 구울 때는 반죽이 너무 옆으로 퍼져 납작하게 주저앉는 것을 방지하기 위해 최종단계까지만 반죽한다. 기존에 알려진 잉글리시 머핀보다 수분량이 적어 비교적 된 반죽이지만, 틀 없이 구울 때 사용하기에는 안정적이다.

베이글
Bagel

시험시간 3시간 30분

다음 요구사항대로 베이글을 제조하여 제출하시오.
1. 배합표의 각 재료를 계량하여 재료별로 진열하시오(7분).
2. 반죽은 스트레이트법으로 제조하시오.
3. 반죽 온도는 27℃를 표준으로 하시오.
4. 1개당 분할중량은 80g으로 하고 링 모양으로 성형하시오.
5. 반죽은 전량을 사용하여 성형하시오.
6. 2차발효 후 끓는 물에 데쳐 팬닝하시오.
7. 팬 2개에 완제품 16개를 구워 제출하시오.

배합표

재료	비율(%)	무게(g)
강력분	100	800
물	55~60	440~480
이스트	3	24
제빵개량제	1	8
소금	2	16
설탕	2	16
식용유	3	24
계	166~171	1,328~1,368

만드는 법

1. 모든 재료를 믹서 볼에 넣고 발전단계까지 믹싱한다(반죽온도 27℃).

2. 온도 27℃, 습도 75~80% 상태에서 40~50분간 1차 발효시킨다.

3. 반죽을 80g씩 분할해 둥글리기 한 다음 10~15분 동안 중간 발효시킨다.

4. 반죽을 약 25~30㎝로 밀어준다.

5. 동그란 링 모양으로 성형한 다음 이음매를 확실히 마무리한다.

6. 온도 33℃, 습도 80% 상태에서 25~30분 동안 2차 발효시킨다.

7. 베이글의 양 면을 끓는 물에 데친 다음 철판 위에 팬닝한다.

8. 윗불 200℃, 아랫불 190℃ 오븐에서 약 15~20분 동안 굽는다.

 Point

- 베이글을 데칠 때 반죽이 떨어지지 않도록 링의 이음매를 잘 꼬집어 마무리한다. 베이글을 2차발효 후 데치는 과정에서 반죽이 늘어나지 않도록 유의한다.
- 데치기 후 상온 또는 발효기에 방치할 경우 감점하지 않는다.

그리시니

Grissini

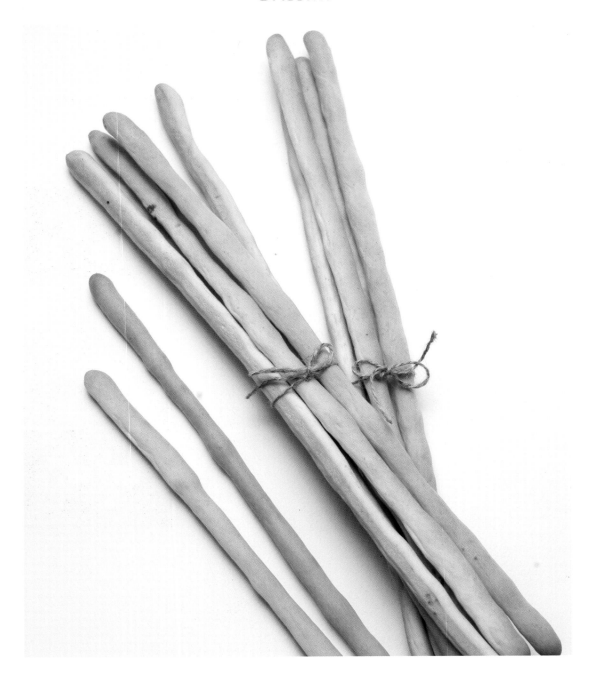

시험시간 2시간 30분

다음 요구사항대로 그리시니를 제조하여 제출하시오.
1. 배합표의 각 재료를 계량하여 재료별로 진열하시오(8분).
2. 전 재료를 동시에 투입하여 믹싱하시오(스트레이트법).
3. 반죽온도는 27℃를 표준으로 하시오.
4. 분할무게는 30g, 길이는 35~40cm로 성형하시오.
5. 반죽은 전량을 사용하여 성형하시오.

배합표

재료	비율(%)	무게(g)
강력분	100	700
설탕	1	7(6)
건조 로즈마리	0.14	1(2)
소금	2	14
생이스트	3	21(22)
버터	12	84
올리브유	2	14
물	62	434
계	182.14	1,275 (1,276)

2차발효를 거치면 그리시니 반죽이 조금 더 바삭거린다.

만드는 법

1. 모든 재료를 믹서 볼에 넣고 저속 2분, 중속 5분간 믹싱한다(반죽온도27℃).

2. 온도 27℃, 습도 80% 상태에서 30분 간 1차발효시킨다.

3. 반죽을 30g씩 분할해서 둥글리기한다.

4. 둥글리기한 반죽을 막대 모양으로 밀 어 실온에서 약 15~20분 동안 중간 발효시킨다.

5. 반죽을 35~40cm의 일정한 막대모양 으로 밀어 편다.

6. 철판에 팬닝하고 온도 35℃, 습도 85% 상태에서 5~10분 동안 2차발효시킨다.

7. 윗불 220℃, 아랫불 180℃ 오븐에서 7~8분 동안 굽는다.
굽기는 높은 온도에서 단시간에 굽거나 혹은 낮은 온도에서 오랫동안 굽는다.

통밀빵
Whole wheat bread

통밀빵은 통밀가루만을 이용하거나 통밀을 섞어 만든 빵을 말한다. 독특한 풍미가 있지만 심심한 맛으로 샌드위치를 만들 때 사용하면 좋다. 토핑용 오트밀 역시 고소한 풍미를 더해준다.

다음 요구사항대로 통밀빵을 제조하여 제출하시오.

1. 배합표의 각 재료를 계량하여 재료별로 진열하시오(10분).
   (충전용, 토핑용 재료는 계량시간에서 제외)
2. 반죽은 스트레이트법으로 제조하시오.
3. 반죽온도는 25℃를 표준으로 하시오.
4. 표준분할무게는 200g으로 하시오.
5. 제품의 형태는 밀대(봉)형(22~23cm)으로 제조하고, 표면에 물을 발라 오토밀을 보기 좋게 적당히 묻히시오.
6. 8개를 성형하여 제출하고 남은 반죽은 감독위원의 지시에 따라 별도로 제출하시오.

배합표

재료	비율(%)	무게(g)
강력분	80	800
통밀가루	20	200
이스트	2.5	25(24)
제빵개량제	1	10
물	63~65	630~650
소금	1.5	15(14)
설탕	3	30
버터	7	70
탈지분유	2	20
몰트액	1.5	15(14)
계	181.5~183.5	1,812~1,835
토핑용 오트밀	-	200

만드는 법

1. 버터와 토핑용 오트밀을 제외한 모든 재료를 믹서볼에 넣고 믹싱한다.
2. 클린업 단계에서 버터를 넣고 발전단계까지 믹싱한다(반죽온도 25℃).
3. 온도 27℃, 습도 75~80% 상태에서 60~70분간 1차 발효시킨다.
4. 200g씩 분할해 둥글리기한 후 10~15분간 중간 발효시킨다.

5. 밀대로 반죽을 밀어 가스를 빼고 22~23cm의 밀대형(봉형)으로 성형한다.

6. 표면에 물칠을 하고 오트밀을 충분히 묻혀준다.

7. 철판에 4~6개씩 간격을 맞춰 반죽의 이음매가 아래로 가게 하여 팬닝한다.
8. 온도 35~38℃, 습도 85% 상태에서 30~40분간 2차 발효시킨다.

9. 윗불 180~190℃, 아랫불 160℃ 오븐에서 15~20분간 굽는다.

Point

- 몰트액은 물에 풀어서 사용한다.
- 반죽온도가 높으면 반죽이 질어지는 현상이 생기므로 주의한다.
- 성형할 때 글루텐의 영향으로 반죽이 수축할 수 있으므로 조금 넉넉한 길이로 단단히 말아준다.
- 윗면 전체에 오트밀이 충분히 묻을 수 있도록 붓을 이용해 물을 골고루 발라준다.

브레첼

Bretzel

배합표

재료	비율(%)	무게(g)
강력분	100	1,000
물	56	560
생이스트	4	40
제빵개량제	1	10
소금	2	20
마가린	10	100

Point

가성소다 용액에 담갔다 칼집을 내기도 하는데 국내에서는 특별한 법이 없기 때문에 주의해야 한다. 가성소다 용액 대신에 진한 소금물에 담가도 무방하다. 한편 가성소다 용액은 더운 물 500g에 용액 15g을 용해시켜 사용한다.

만드는 법

1. 모든 재료를 넣고 최종단계까지 믹싱한다(반죽온도 28℃).

2. 실온에서 15분간 발효를 시킨다.

3. 50g씩 분할해 둥글리기 한다.

4. 손바닥으로 가운데가 볼록하도록 길게 늘린다.

5. 양끝을 잡고 세 번 꼬아준 후 몸통에 붙인다.

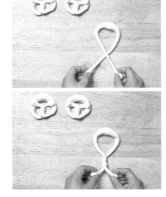

6. 30~40분간 냉장휴지시킨 후 가성소다 용액에 담갔다 꺼낸다.

7. 한 일자로 칼집을 낸다.

8. 정제 소금을 뿌려준다.

9. 온도 32℃, 습도 80% 상태에서 20분간 2차발효를 시켜 굽거나 생략하고 굽는다.

10. 온도 180~190℃ 오븐에서 15~18분간 굽는다.

브리오슈
Brioche

 Point

브리오슈 반죽을 50개 정도 분할할 때 필요한 적당한 시간은 10분 정도이지만 손놀림이 익숙치 않은 수험생들은 20분 정도 소요된다. 따라서 분할을 끝낼 때쯤이면 이미 맨 처음 분할한 것은 중간발효가 끝난 상태가 된다. 이럴 때는 중간발효 시간을 별도로 주지 말고 분할이 끝나면 맨 처음 것부터 성형을 시작하는 것이 요령이다.

배합표

재료	비율(%)	무게(g)
강력분	100	900
물	30	270
이스트	8	72
소금	1.5	13.5(14)
마가린	20	180
버터	20	180
설탕	15	135(136)
분유	5	45(46)
달걀	30	270
브랜디(술)	1	9(8)
계	230.5	2,074.5 (2,076)

제품평가

1. 너무 많이 부풀어 틀을 넘치면 안 된다.
2. 위·아래의 크기가 알맞아야 하며 눈사람이 서로 대칭을 이뤄야 한다.
3. 세포벽이 두껍지 않고 달걀과 유지 사용량이 많으므로 밝은 노란 빛을 띠어야 한다.
4. 유지를 많이 사용하기 때문에 케이크와 비슷한 고소한 맛이 나는데 이것이 발효향과 잘 어울려야 한다.

만드는 법

1. 버터와 마가린을 제외한 모든 재료를 믹서 볼에 넣고 믹싱한다.
2. 클린업단계에서 유연하게 만든 버터와 마가린을 2번에 걸쳐 나누어 넣고 최종단계까지 믹싱한다(반죽온도 25~26℃).
3. 온도 30℃, 습도 75~80% 상태에서 50~60분간 1차발효를 시킨다.
   1차발효가 끝난 반죽은 처음 부피의 2~2.5배이다.
4. 40g씩 분할해 둥글리기한 후 15~20분간 중간발효를 시킨다.
5. 분할한 반죽을 1/4 정도씩만 손바닥을 세워 완전히 자른다.

6. 나머지 반죽 3/4을 다시 둥글리기해서 바닥이 밑으로 가도록 해서 틀에 넣는다.
7. 틀에 넣은 반죽의 중앙을 손가락으로 깊게 눌러 구멍을 낸다.

8. 5의 1/4씩 자른 반죽을 둥글려 뾰족하게 만든다.

9. 8을 7의 구멍 속에 채워 넣고 손가락으로 잘 눌러서 마무리한다.

10. 온도 35~38℃, 습도 80~85% 상태에서 20~30분간 2차발효를 시킨다.
    몸통 부분의 높이가 틀의 높이와 같아야 한다.
11. 노른자를 바르고 200~210℃ 오븐에서 14~16분간 전체가 황금갈색이 될 때까지 굽는다.

네덜란드빵

Netherlandish bread

배합표

빵반죽

재료	비율(%)	무게(g)
강력분	100	1,000
물	46	460
생이스트	4	40
제빵개량제	1	10
소금	1.8	18
설탕	15	150
탈지분유	2	20
마가린	18	180
달걀	15	150

커스터드 크림

재료	비율(%)	무게(g)
박력분	100	100
설탕	400	400
달걀	300	300
우유	440	440

토핑물

재료	비율(%)	무게(g)
중력분	100	400
마가린	80	320
설탕	80	320
달걀	80	320

만드는 법

1. 마가린을 제외한 모든 재료를 믹서 볼에 넣고 믹싱한다.

2. 클린업단계에서 마가린을 넣고 최종단계까지 믹싱한다(반죽온도 27℃).

3. 온도 27℃, 습도 75~80% 상태에서 70~80분간 1차발효를 시킨다.

4. 45g씩 분할해 둥글리기한 후 10~15분간 중간발효를 시킨다.

5. 커스터드 크림을 20g씩 넣고 싸준다.

6. 온도 35~38℃, 습도 85% 상태에서 30~40분간 2차발효를 시킨다.

7. 2차발효가 90% 정도 진행된 상태에서 직경 0.4~0.5㎝의 둥근깍지를 끼우고 토핑물을 채워 소용돌이 모양으로 짜준다.

8. 190~200℃ 오븐에서 20~25분간 굽는다.

● 토핑

1. 마가린과 설탕을 혼합한 후 달걀을 조금씩 넣으면서 크림 상태로 만든다.

2. 중력분을 체로 친 후 1에 넣고 섞는다.

커스터드 크림 만드는 법은 97쪽 쿠페 참조

슈톨렌
Stollen

슈톨렌은 전통적인 독일의 크리스마스 케이크로 옛날 기독교 수도승이 어깨 위에 걸쳤던 가사를 본떠 만들었다고 한다. 그래서 마무리할 때 하얀 분설탕을 뿌리고 십자형으로 리본을 묶는 것도 흰눈과 십자가를 상징한다. 독일인은 12월 초부터 슈톨렌을 만들어 놓고 매주 일요일마다 1조각씩 먹으면서 크리스마스를 기다린다. 슈톨렌은 버터를 충분히 배합한 발효반죽에 건포도와 잘게 썬 오렌지, 레몬필을 섞어 굽는데 1시간쯤 방치해 두면 풍미가 더욱 좋아진다. 보존성이 좋아 2~3개월은 보관이 가능한 것이 특징이다.

배합표

재료	비율(%)	무게(g)
강력분	100	800
우유	42	336
생이스트	3	24
제빵개량제	2	16
소금	1.8	14.4
설탕	18	144
마가린	20	160
달걀	16	128
넛메그	0.2	1.6
건포도	20	160
레몬필	5	40

만드는 법

1. 마가린과 건과류를 제외한 모든 재료를 믹서 볼에 넣고 믹싱한다.

2. 클린업단계에서 마가린을 넣고 최종단계 중기에서 건과류를 넣고 골고루 섞어준다.

3. 온도 30℃, 습도 75~80% 상태에서 35분간 1차발효를 시킨다.

4. 300g씩 분할해 둥글리기한 후 15분간 중간발효를 시킨다.

5. 지름 20㎝ 정도로 둥글게 밀어편 후 가운데가 볼록 올라오도록 하면서 2/3지점을 접는다.

6. 온도 35℃, 습도 85~90% 상태에서 40분간 2차발효를 시킨다.

7. 180℃ 오븐에서 30~40분간 굽는다.

8. 다 구워지면 표면에 버터칠을 하고 분설탕을 뿌린다.

파네토네
Panettone

배합표

재료	비율(%)	무게(g)
강력분	100	800
우유	42	336
생이스트	6	48
제빵개량제	1	8
소금	1.8	14.4
설탕	18	144
마가린	20	160
달걀	20	160
꿀	2	16
레몬필(당조림)	5	40
아몬드	5	40
호두	5	40
건포도	20	160
체리	5	40

만드는 법

1. 마가린과 건재료(레몬필, 아몬드, 호두, 건포도, 체리)를 제외한 모든 재료를 믹서 볼에 넣고 믹싱한다.

2. 클린업단계에서 마가린을 넣고 최종단계까지 믹싱한 후 레몬필, 아몬드, 다진 호두, 체리, 건포도를 넣고 섞는다(호두와 아몬드는 살짝 볶아 다져서 사용하고 체리와 건포도는 술에 담가 사용한다).

3. 온도 27℃, 습도 75∼80% 상태에서 30분간 1차발효를 시킨다.

4. 350g씩 분할해 둥글리기한 후 10∼15분간 중간발효를 시킨다.

5. 밀대로 반죽을 밀어 가스를 빼주고 원형으로 만든 후 원통형의 종이 틀이나 파네토네 틀에 넣는다.

6. 온도 35∼38℃, 습도 85% 상태에서 30분간 2차발효를 시킨다.

7. 윗면에 열십자로 칼집을 내고 버터를 짠다.

8. 190∼200℃ 오븐에서 30∼40분간 굽는다.

포카치아

focaccia

배합표

빵반죽

재료	비율(%)	무게 (g)
강력분	100	1,000
달걀	5	1개
소금	2	20
생이스트	2.5	25
올리브유	5	50
물	58~60	580~610

토핑

재료	무게 (g)
마늘기름	조금
로즈마리	조금
올리브유	조금

만드는 법

1. 밀가루에 물, 소금, 이스트, 달걀을 넣고 저속으로 2분간 믹싱한다.

2. 올리브유를 넣고 중속으로 10분간 믹싱한 후 2시간 동안 실온에서 1차 발효시킨다.

3. 120g씩 분할하며 공글리기를 한 후 10분간 벤치타임을 준다.

4. 손으로만 눌러 펴면서 고르게 그리고 둥글게 두께 2.5mm로 만든다.

5. 윗면에 마늘기름을 빠짐없이 바르고, 로즈마리를 뿌린 다음 구멍을 낸다.

6. 350℃ 오븐에서 3~4분간 굽는다.

7. 오븐에서 꺼내면 올리브유를 바른다. 적당히 찢어 케첩이나 마요네즈를 발라 고기, 채소를 곁들여 먹는다.

치아바타

Pain Rustique

치아바타는 이탈리아 북부 에밀리아-로마냐 지방에서 처음 시작되었다. 치아바타는 이탈리아어로 '납작한 슬리퍼'라는 뜻으로 이름처럼 납작한 슬리퍼 모양을 하고 있다. 이탈리아의 바게트라 불리며 전 세계인의 사랑을 받고 있는 이 빵의 겉은 딱딱하고 속은 쫄깃한 식감과 밀가루 본연의 담백한 맛이 특징이다. 빵 그 자체로 발사믹 식초나 올리브오일에 찍어 먹거나 안에 올리브, 토마토, 치즈, 생 햄 등을 넣어 샌드위치로 사용한다.

배합표

재료	비율(%)	무게(g)
강력분	100	1,000
소금	2.5	25
생이스트	0.4	4
물A	65	650
발효생지	65	650
올리브오일	5	50
물B	10	100

만드는 법

1. 믹싱볼에 강력분, 소금, 생이스트, 물 A, 발효생지를 넣고 저속 5분간 믹싱한다.

2. 1에 올리브오일을 천천히 넣으면서 중속으로 6분간 믹싱한다.

3. 2에 물B를 넣고 아주 부드러운 반죽이 되도록 한다(반죽온도 24~25℃).

4. 사각 틀에 올리브오일(배합 외)을 바르고 3의 반죽을 넣는다.

5. 75분간 1차발효시킨 후 펀치한다.

6. 다시 75분간 중간발효시킨다.

7. 6의 반죽을 40㎝ 크기의 정사각형 모양으로 성형한다.

8. 7의 반죽을 20×8㎝ 크기로 성형한 후 밀가루를 뿌린 천에 올린다.

9. 30분간 2차발효시킨다.

10. 9의 반죽을 뒤집어서 철판에 팬닝한다.

11. 260℃ 오븐에서 스팀을 넣고 약 15분간 굽는다.

12. 빵의 표면을 바삭하게 하기 위해 빵을 다 굽고 난 후 오븐을 10분 정도 열고 그대로 두었다가 꺼낸다.

Point

치아바타의 커다란 '기공'

수분의 일부를 올리브 오일로 첨가하는 치아바타는 최대한 이스트를 적게 사용하고 저온에서 장시간 발효시켜야만 제 맛을 낼 수 있다. 이러한 장시간 발효는 치아바타의 특징인 불규칙하면서 커다란 기공에도 큰 영향을 미친다.

북구빵
North-european bread

배합표

빵반죽

재료	비율(%)	무게(g)
강력분	100	1,000
우유	35	350
생이스트	5	50
제빵개량제	1	10
소금	2	20
설탕	20	200
분유	5	50
달걀	25	250
버터	25	250

토핑물(비스킷)

재료	비율(%)	무게(g)
버터	100	500
설탕	56	280
달걀	75	375
박력분	75	375
베이킹파우더	0.4	2
분유	10	50
레몬즙		1/2개

만드는 법

1. 마가린을 제외한 모든 재료를 믹서 볼에 넣고 저속 2분, 중속 1분간 믹싱한다.

2. 클린업단계에서 마가린을 넣고 최종단계까지 믹싱한다(반죽온도 27℃).

3. 온도 30℃, 습도 75% 상태에서 40분간 1차발효를 시킨다.

4. 150g씩 분할해 둥글리기한 후 10~15분간 중간발효를 시킨다.

5. 밀대로 반죽을 밀어 가스를 빼준 후 둥글게 만다.

6. 온도 28℃, 습도 80% 상태에서 40분간 2차발효를 시킨다.

7. 짤주머니에 둥근 깍지를 끼우고 토핑물을 채운 후 소용돌이 모양으로 짠다.

8. 180℃ 오븐에서 15분간 굽는다.

● 토핑물(비스킷)

1. 버터에 설탕을 넣고 섞어 크림 상태로 만든다.

2. 달걀을 조금씩 넣으면서 섞은 후 레몬즙을 넣는다.

3. 박력분, 분유, 베이킹파우더를 체로 친 후 2에 넣고 섞어준다.

사바랭

Savarin

배합표

빵반죽

재료	비율(%)	무게(g)
강력분	100	1,000
물	38	380
생이스트	6	60
소금	2	20
설탕	15	150
마가린	25	250
달걀	50	500

시럽

재료	비율(%)	무게(g)
물	100	500
설탕	60	300
럼	30	150

만드는 법

1. 마가린과 달걀을 제외한 모든 재료를 믹서 볼에 넣고 믹싱한다.

2. 중속으로 믹싱하면서 달걀을 3~4회 나누어 넣고 각 재료가 충분히 섞이면 마가린을 넣고 최종단계까지 믹싱한다 (반죽온도 27℃, 끈적한 풀같은 상태가 적당하다).

3. 온도 27℃, 습도 85% 상태에서 50~60분간 1차발효를 시킨다.

4. 사바랭 틀에 녹인 버터를 칠한다.

5. 주걱으로 쳐 반죽의 가스를 뺀 뒤 짤주머니에 넣고 사바랭 틀에 50% 정도까지 채운다.

6. 온도 30~35℃, 습도 80% 상태에서 25~30분간 2차발효를 시킨다.

7. 190~200℃ 오븐에서 9~10분간 굽는다.

8. 틀에서 꺼내 따뜻할 때 시럽에 담근다.
   시럽이 충분히 스며들 정도로 담가야 촉촉하고 부드러운 맛을 낼 수 있다.

● 시럽

1. 물에 설탕을 넣고 끓인 후 40℃ 정도로 식힌다.

2. 럼을 섞는다.

데니시 페이스트리
Danish pastry

데니시 페이스트리는 발효반죽에 유지를 끼워 접어밀기한 것을 성형하고 갖가지 충전물을 얹어 구운 과자빵으로 덴마크의 비엔나 브로트(Wiener Brod), 독일의 플룬더 게베크(Plundergebäck)에 해당한다. 이 제품은 오스트리아 빈에서 시작돼 북유럽으로 퍼졌는데, 특히 덴마크에서는 9월 수확기에 즐겨 먹는다.

배합표

재료	비율(%)	무게(g)
강력분	80	720
박력분	20	180
물	45	405(406)
이스트	5	45(46)
소금	2	18
설탕	15	135(136)
마가린	10	90
분유	3	27(28)
달걀	15	135(136)
계	195	1,755 (1,760)
충전용 마가린	총 반죽의 30%	526.5 (527~528)

제품평가

1. 식히는 동안 부피가 가라앉거나 찌그러지지 않아야 한다.
2. 자른면이 붙은 상태에서 발효하고 굽는 동안 부풀지 못하면 균형이 맞지 않으므로 주의한다.
3. 껍질은 황금갈색을 띠고 벗겨지지 않아야 한다.
4. 층층의 결이 조금 생겨야 한다.
5. 바삭거리거나 끈적거리지 않고 유지향과 발효향이 잘 어울려야 한다.

만드는 법

1. 마가린과 충전용 유지를 제외한 모든 재료를 믹서 볼에 넣고 중속으로 4~5분간 믹싱한다.
   고속으로 반죽할 경우 반죽 온도가 상승될 우려가 있다. 반죽온도는 20℃를 유지해야 한다.

2. 마가린을 넣고 중속으로 발전단계까지 믹싱한다(반죽온도 20℃).
   믹싱을 오래하면 완제품의 껍질이 부서지기 쉽고, 오븐 스프링은 좋은 반면 최종제품에서 주저앉을 수도 있다.

3. 거죽이 마르지 않도록 반죽을 비닐이나 헝겊에 싸서 냉장고에서 30분간 휴지를 시킨다.

4. 두께가 고르고 모서리가 직각인 직사각형으로 밀어편 후 충전용 유지를 올려 놓는다.

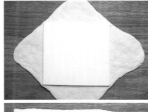

5. 유지를 반죽으로 싸고 이음매를 꼭 여며준다.

6. 3절접기를 3회 실시한다. 매 접기마다 30분씩 냉장휴지를 시킨다.

접기를 할 때 덧가루를 털어내지 않으면 제품의 결이 나빠지고 딱딱해진다.

7. 지시받은 모양으로 만든다.
   페이스트리 반죽을 자를 때는 날카로운 칼을 이용하고 자투리 반죽이 많이 생기지 않도록 자른다. (뒷페이지 참고)

8. 온도 28~33℃, 습도 75~82% 상태에서 30~40분간 2차발효를 시킨다.
   보통 빵 반죽의 75~80%까지 발효시킨다.

9. 205~210℃ 오븐에서 15~18분간 굽는다.
   껍질색은 황금갈색을 띠고 옆면과 바닥에도 구운색이 들어야 한다.

● 초승달형

1. 두께 0.25~0.3cm로 반죽을 밀어 편 후 높이 20cm, 밑변 10cm의 이등변삼 각형으로 자른다.

2. 밑변 쪽에서 꼭지점 방향으로 만다.

3. 반죽의 양끝을 구부려 초승달 모양으로 성형한다.

● 바람개비형

1. 반죽을 0.5cm 두께로 밀어 편 후 10cm 의 정사각형 모양으로 자른다.

2. 반죽을 각 꼭지점에서 중심 방향으로 잘라서 한쪽 끝만 중심에 붙여 바람개 비 모양으로 성형한다.

● 달팽이형

1. 1cm의 두께로 반죽을 밀어 편 후 가로 1cm, 세로 30cm의 긴 막대 모양으로 자른다.

2. 반죽의 양끝을 잡고 비튼 후 돌돌 말아 성형한다. 이때 너무 단단히 말면 구웠을 때 위로 튀어 나오므로 주의한다.

Point

페이스트리에 사용하는 유지는 쉽게 얼거나 녹지 않도록 가소성이 높아야 한다. 또 충전용 유지가 너무 단단하면 밀어펴기할 때 양 끝으로 밀려 반죽이 터질 수 있다. 즉 유지와 반죽의 단단함이 일치해야 결이 좋은 제품을 만들 수 있다. 한편 페이스트리를 구울 때 온도가 너무 낮으면 반죽층 사이에 있는 유지가 녹아서 흘러나와 부피가 작고 무거운 제품이 된다. 또 너무 높으면 껍질이 빨리 형성돼 오븐에서 나왔을 때 주저앉는 경우가 생기고 기름기가 많은 제품이 된다.

데니시식빵
Danish pan bread

배합표

재료	비율(%)	무게(g)
강력분	80	800
중력분	20	200
물	58	580
생이스트	4	40
제빵개량제	1	10
소금	2	20
설탕	5	50
탈지분유	2	20
마가린	8	80
달걀	5	50
충전용마가린	35	350

만드는 법

1. 충전용마가린을 제외한 모든 재료를 믹서 볼에 넣고 발전단계까지 믹싱한다(반죽온도 24℃).

2. 반죽을 비닐에 싸서 5℃ 상태에서 30분간 냉장휴지를 시킨다.

3. 충전용마가린을 쌀 수 있게 반죽을 밀어편 후 정사각형 모양으로 두드린 충전용마가린을 올려놓고 감싼다.

4. 충전용마가린을 싼 반죽을 밀대로 늘린 후 3절접기를 한다.

5. 반죽 방향을 90도씩 돌려가며 3절접기를 3회 반복한다(매번 접기마다 30분간 냉장휴지를 시킨다).

6. 400g씩 분할한 반죽을 원통형으로 말아준다.

7. 원형형 반죽을 3등분한 후 끝을 2~3cm 정도만 남기고 스크레이퍼로 자른다.

8. 꽈배기 모양으로 꼬아준 후 식빵 틀에 넣는다.

9. 온도 33℃, 습도 80% 상태에서 30~35분간 2차발효를 시킨다.

10. 180~190℃ 오븐에서 30~40분간 굽는다.

크루아상
Croissant

초승달 모양의 빵으로 헝가리 부다페스트에서 처음 만들어진 후 오스트리아를 거쳐 루이 16세의 왕후가 된 마리 앙투아네트에 의해 프랑스로 전해졌다고 한다.

배합표

재료	비율(%)	무게(g)
강력분	100	1,000
물	50	500
생이스트	6	60
제빵개량제	1	10
소금	2	20
설탕	6	60
마가린	5	50
탈지분유	2	20
충전용마가린	40	400

Point

크루아상 반죽으로 충전용마가린을 싸서 접어밀 때 반죽이 찢어지지 않도록 해야 한다. 반죽이 찢어져 버터가 새어나오면 맛이 좋지 않다.

만드는 법

1. 충전용마가린을 제외한 모든 재료를 믹서 볼에 넣고 발전단계까지 믹싱한다(반죽온도 25℃).

2. 반죽을 비닐에 싸서 5℃ 상태에서 30분간 냉장휴지를 시킨다.

3. 충전용마가린을 쌀 수 있을 정도로 반죽을 밀어편 후 정사각형 모양으로 두드린 충전용마가린을 올려놓고 감싼다.

4. 충전용마가린을 싼 반죽을 직사각형으로 늘린 후 3절접기를 한다.

5. 반죽 방향을 90도씩 돌려가며 3절접기를 3회 반복한다(매 접기마다 30분씩 냉장휴지를 시킨다).

6. 두께 0.25~0.3cm로 밀어편 후 가로 9cm, 세로 18cm 크기의 이등변삼각형으로 자른다.

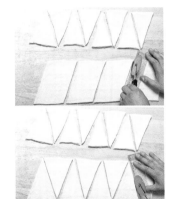

7. 스크레이퍼로 이등변삼각형의 밑변을 1cm 정도 잘라 벌린 후 초승달 모양으로 말아올린다.

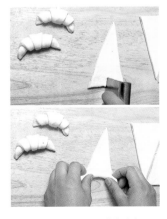

8. 온도 32℃, 습도 80% 상태에서 45~50분간 2차발효를 시킨다.

9. 표면에 달걀물을 바르고 200℃ 오븐에서 18~20분간 굽는다.

데니시꽈배기도넛
Danish doughnuts

배합표

재료	비율(%)	무게(g)
강력분	100	1,000
물	45	450
생이스트	5	50
소금	2	20
설탕	11	110
마가린	6	60
달걀	17	170
충전용마가린	25	250

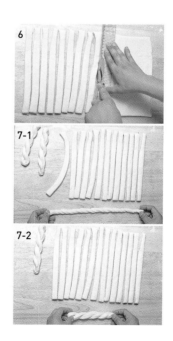

만드는 법

1. 충전용마가린을 제외한 모든 재료를 믹서 볼에 넣고 발전단계까지 믹싱한다(반죽온도 20~22℃).

2. 반죽을 비닐에 싸서 온도 5℃ 상태에서 30분간 냉장휴지를 시킨다.

3. 충전용마가린을 쌀 수 있을 정도로 반죽을 밀어편 후 정사각형 모양으로 두드린 충전용마가린을 올려놓고 감싼다.

4. 충전용마가린을 싼 반죽을 직사각형으로 밀어 편 후 3절접기를 한다.

5. 반죽방향을 90도씩 돌려가면서 3절접기를 3회 반복한다(매 접기마다 30분씩 냉장휴지를 시킨다).

6. 두께 0.8cm로 밀어편 후 세로 1.5cm, 가로 20cm로 자른다.

7. 양손으로 반죽을 잡고 반대방향으로 꼰 후 반으로 접어 꽈배기 모양을 만든다.

8. 온도 30℃, 습도 75% 상태에서 25~30분간 2차발효를 시킨다.

9. 180℃ 온도의 기름에 넣고 2분간 튀긴다.

10. 식힌 후 설탕을 묻힌다.

제과 실기
Confectionary Making

거품형 케이크류 ● 반죽형 케이크류 ● 구움과자류 ● 슈류 ● 쿠키류 ● 냉과류 ● 파이류 ● 기념 케이크류 ● 기타 과자류

아몬드 제누아즈

Almond génoise

배합표

재료	비율(%)	무게(g)
박력분	80	640
아몬드가루	20	160
설탕	80	640
달걀	110	880
버터	15	120
계	306	2,440

만드는 법

1. 믹서볼에 설탕, 달걀을 넣고 중탕해서 믹싱한다.

저속 1분, 중속 5분, 고속 5분, 중속 3분, 저속 3분 순서로 믹싱한다.
중탕온도는 43℃정도 이다.

2. 박력분, 아몬드가루는 2번 정도 체 친후 가볍게 혼합한다.

3. 버터를 60℃ 정도로 녹여 2에 넣고 버터가 바닥에 가라앉지 않게 하면서 빠른 시간 내에 혼합한다(반죽온도 25℃, 비중 0.48±0.05).

4. 위생지를 깐 3호팬 4개에 틀 용적의 60~65% 정도 반죽을 채운다.

오븐에 넣기 전 팬을 바닥에 한번 내리쳐 반죽 윗쪽에 올라올 기포를 미리 터트려준다.

5. 윗불 180℃, 아랫불 160℃ 의 오븐에서 20~30분 동안 굽는다.

Point

제누아즈는 일반적인 생크림 케이크에 들어 있는 케이크 시트를 말한다. 제누아즈 반죽의 제법은 공립법과 별립법 2가지로 나뉘는데, 공립법은 달걀 흰자와 노른자를 한 번에 넣고 거품을 내고 버터를 넣어 풍미를 더한 반죽법이다. 본 시험 항목 배합은 달걀의 양이 적어 구조력이 좋고 안정감은 있으나 부드러움이 적고 식감이 뻣뻣한 편이므로 참고한다.

시퐁 케이크
Chiffon cake

시퐁은 프랑스어의 시퐁(chiffon)에서
온 '비단'을 뜻하는 용어이다. 반죽법으
로서의 시퐁법은 별립법과 같이 흰자
와 노른자를 나누어 쓰되 노른자는 거
품을 내지 않고, 거품을 낸 흰자와 화
학팽창제의 힘으로 부풀리는 방법이다.

다음 요구사항대로 시폰 케이크(시퐁법)를 제조하여 제출하시오.
1. 배합표의 각 재료를 계량하여 재료별로 진열하시오(8분).
   (계량시간 내에는 달걀의 개수로 계량 후 제조 시 달걀흰자, 노른자를 분리하여 별립법으로 제조)
2. 반죽온도는 23℃를 표준으로 하시오.
3. 반죽은 시퐁법으로 제조하고 비중을 측정하시오.
4. 시폰팬을 사용하여 반죽을 분할하고 구우시오.
5. 반죽은 전량을 사용하여 성형하시오.

배합표

재료	비율(%)	무게(g)
박력분	100	400
설탕A	65	260
설탕B	65	260
달걀	150	600
소금	1.5	6
베이킹파우더	2.5	10
식용유	40	160
물	30	120
계	454	1,816

만드는 법

1. 달걀은 노른자와 흰자로 분리하고, 흰자는 기름기가 없는 용기에 넣는다.

2. 노른자와 식용류를 섞은 것에 설탕(A), 소금을 넣고 잘 풀어준 후 물을 조금씩 넣으면서 섞는다.

3. 체로 친 박력분, 베이킹파우더를 2에 넣어 덩어리가 없는 매끄러운 상태로 만든다.

4. 다른 믹서 볼에 흰자를 넣고 거품기를 사용하여 60% 정도의 머랭을 만든다. 여기에 설탕(B)를 2~3회에 나누어 넣으면서 85% 정도의 머랭을 만든다.

5. 4에서 만든 머랭의 1/3씩 나누어 3의 반죽에 넣고 섞는다.

6. 비중을 측정하여 조절하고(0.45±0.05 전후가 적당), 반죽온도는 23℃에 맞춘다.

7. 시폰팬에 물을 뿌려 준비하고 짤주머니를 이용해 팬의 70% 정도만 채우고 팬을 살짝 쳐서 공기방울을 빼준다.

8. 윗불 170℃, 아랫불 170℃의 오븐에서 30~35분간 굽는다.

9. 케이크가 완성되면 오븐에서 꺼내 10분 정도 냉각시킨 다음 팬을 뒤집어 스패튤러 등을 이용해 팬과 제품 사이를 떼어 뒤집어 뺀다.

제품평가

1. 전체적으로 밝은 황색이 나며 대형 도넛 모양으로 대칭을 이루어야 한다.
2. 씹는 촉감이 부드럽고 시폰 특유의 탄력성과 생동감이 있어야 한다.
3. 속결은 기공과 조직이 균일하지만 조밀하면 안 된다. 또 밝은 노란색을 띠는 것이 좋다.

Point

시폰 케이크를 굽기 전에 틀에서 잘 빠지게 하기 위해 물이나 팬기름(쇼트닝:전분=1:1)을 틀에 발라준다. 시험장에서는 주로 물을 사용하는데 분무기로 물을 뿌린 후 틀을 뒤집어 놓아야 적당한 물을 남길 수 있다. 또 틀에서 빼낼 때 흠집이 나지 않게 하기 위해 오븐에서 꺼낸 다음 실온에서 5~10분간 뒤집어서 놔둔다.

젤리 롤 케이크
Jelly roll cake

모든 재료를 넣고 혼합할 때 반죽온도가 낮아 물엿이 안 녹을 수도 있으므로 바닥까지 잘 섞는다. 또 시트가 뜨거울 때 말기를 하면 제품이 가라앉아 부피가 작아진다. 따라서 조금 식힌 다음 말기를 하고 재빨리 말아야 표면이 갈라지지 않는다.

다음 요구사항대로 젤리 롤 케이크를 제조하여 제출하시오.

1. 배합표의 각 재료를 계량하여 재료별로 진열하시오(8분).
   (충전용 재료는 계량시간에서 제외)
2. 반죽온도는 23℃를 표준으로 하시오.
3. 반죽은 공립법으로 제조하시오.
4. 반죽의 비중을 측정하시오.
5. 제시한 팬에 알맞도록 분할하시오.
6. 반죽은 전량을 사용하여 성형하시오.
7. 캐러멜 색소를 이용하여 무늬를 완성하시오.
   (무늬를 완성하지 않으면 제품 껍질 평가 0점 처리)

배합표

재료	비율(%)	무게(g)
박력분	100	400
설탕	130	520
달걀	170	680
소금	2	8
물엿	8	32
베이킹파우더	0.5	2
우유	20	80
향	1	4
계	431.5	1,726
잼	50	200

제품평가

1. 표면은 황금갈색으로 무늬가 선명하며, 색깔이 고르고 줄무늬나 반점, 달걀 고형물 등이 없어야 한다.
2. 둥근 모양이 일정하고 허술하게 말아 잼이 흐르지 않아야 한다.
3. 식감이 부드럽고 젤리 롤 특유의 맛과 향이 잼 맛과 어울려야 한다. 또 끈적임이나 탄 냄새, 생재료 맛 등이 없어야 한다.

만드는 법

1. 달걀을 풀어준 후 설탕, 소금, 물엿을 한데 섞어 믹싱한다.
   반죽을 찍어 떨어뜨리면 간격을 유지하면서 천천히 떨어지는 상태가 적당하다.

2. 박력분, 베이킹파우더를 체로 친 후 1에 넣으면서 가볍게 섞어준다.

3. 우유를 넣어 섞으면서 되기를 조절한다(반죽온도 23℃, 비중0.5±0.05).

4. 철판에 위생지를 깔고 반죽을 부운 후 윗면을 고르게 편다.

반죽 중에 생긴 큰 공기 방울은 없애는 것이 좋다.

5. 노른자를 체에 걸러 캐러멜 색소를 넣고 섞어 진한 갈색으로 만든 후 반죽 표면의 2/3 정도까지만 2cm 간격으로 한 일자를 짠 후 나무젓가락 등을 이용해 4cm 폭으로 무늬를 만든다.

6. 윗불 170~175℃, 아랫불 170℃ 오븐에서 20~25분간 굽는다.

7. 다 구워지면 뒤집어놓고 붓으로 물을 묻혀가며 바닥에 붙어 있는 종이를 뗀 후 잼을 얇게 골고루 펴 바른다.

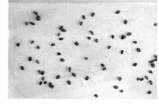

감독위원의 지시에 따라 건포도를 뿌릴 것인가를 결정한다.

8. 바닥에 면포를 깔고 밀대를 이용해 말아준 후 종이로 싸서 식힌다.

롤 케이크는 되도록 빨리 말아야 표면이 갈라지지 않는다.

소프트 롤 케이크
Soft roll cake

다음 요구사항대로 소프트 롤 케이크를 제조하여 제출하시오.

1. 배합표의 각 재료를 계량하여 재료별로 진열하시오(10분).
   (충전용 재료는 계량시간에서 제외)
   (계량시간 내에는 달걀의 개수로 계량 후 제조 시 달걀흰자,
   노른자를 분리하여 별립법으로 제조)
2. 반죽온도는 22℃를 표준으로 하시오.
3. 반죽은 별립법으로 제조하시오.
4. 반죽의 비중을 측정하시오.
5. 제시한 팬에 알맞도록 분할하시오.
6. 반죽은 전량 사용하여 성형하시오.
7. 캐러멜 색소를 이용하여 무늬를 완성하시오.
   (무늬를 완성하지 않으면 제품 껍질 평가 0점 처리)

배합표

재료	비율(%)	무게(g)
박력분	100	250
설탕A	70	175(176)
물엿	10	25(26)
소금	1	2.5(2)
물	20	50
향	1	2.5(2)
설탕B	60	150
달걀	280	700
베이킹파우더	1	2.5(2)
식용유	50	125(126)
계	593	1,482.5 (1,484)
잼	80	200

제품평가

1. 말아올린 원기둥이 어느 한쪽이 굵거나 가늘지 않고 대칭을 이뤄야 한다.
2. 껍질은 구운색이 고르고 터짐과 주름이 없어야 한다.
3. 말아올린 상태가 너무 눌리거나 허술하지 않고 잼이 밖으로 흐르지 않아야 한다.

만드는 법

1. 노른자를 골고루 풀어준 후 설탕A, 물엿, 소금을 넣고 믹싱한 후 물과 향료를 넣고 저속으로 혼합한다.

노른자에 설탕을 넣고 그대로 두면 좁쌀 같은 덩어리가 생기므로 바로 섞어야 한다.

2. 흰자를 60% 정도 믹싱한 후 설탕B를 조금씩 넣으면서 중간피크(80~85%)까지 믹싱해 머랭을 만든다.

설탕을 한꺼번에 넣으면 거품이 죽는다. 머랭을 거품기로 찍었을 때 끝이 뾰족하게 휘어져야 한다.

3. 1에 머랭 1/3을 넣고 가볍게 섞는다.

4. 박력분과 베이킹파우더를 체로 친 후 3에 넣고 가볍게 섞는다.

5. 식용유를 넣고 골고루 섞은 후 나머지 머랭도 섞는다(반죽온도 22±1℃, 비중 0.45±0.05).

반죽의 상태는 가볍고 윤기가 나야 한다. 반죽을 떨어뜨려 봤을 때 리본이 접히듯이 무늬가 남는 정도이다.

6. 철판에 위생지를 깔고 반죽을 부운 후 윗면을 고르게 편다.

7. 일부 반죽과 캐러멜 색소를 혼합해 반죽 표면에 폭 2cm 간격으로 한일자를 짠다(반죽의 2/3 정도까지만 짠다).

8. 나무젓가락으로 7의 표면을 가로로 그어서 무늬를 완성한다.

9. 윗불 170~175℃, 아랫불 170℃ 오븐에서 20~25분간 굽는다.
   다 구워지면 뒤집어 놓고 붓으로 물을 묻혀가며 바닥에 붙어 있는 종이를 뗀다.

10. 바닥에 면포를 깔고 잼이나 크림을 바른 후 밀대를 이용해 둥글게 말아준다. 이때 무늬가 없는 부분부터 말아준다.
    시트가 뜨거울 때는 가라앉기 쉬우므로 식었을 때 마는 것이 좋다.

초코 롤 케이크
Chocolate roll cake

초콜릿의 달고 강한 풍미를 느낄 수 있는 롤 케이크이다. 반죽 표면에 무늬는 넣지 않지만 기포를 잘 제거하고 가나슈를 골고루 바르는 등 기본적인 요소를 제대로 지켜야 모양이 잘 나온다.

🕐 시험시간 1시간 50분(공립법)

다음 요구사항대로 초코 롤 케이크를 제조하여 제출하시오.

1. 배합표의 각 재료를 계량하여 재료별로 진열하시오(7분).
   (충전용, 토핑용 재료는 계량시간에서 제외)
2. 반죽은 공립법으로 제조하시오.
3. 반죽온도는 24℃를 표준으로 하시오.
4. 반죽의 비중을 측정하시오.
5. 제시한 철판에 알맞도록 팬닝하시오.
6. 반죽은 전량을 사용하시오.
7. 충전용 재료는 가나슈를 만들어 제품에 전량 사용하시오.
8. 시트를 구운 윗면에 가나슈를 바르고, 원형이 잘 유지되도록 말아 제품을 완성하시오. (반대 방향으로 롤을 말면 성형 및 제품 평가 해당항목 감점)

배합표

재료	비율(%)	무게(g)
박력분	100	168
달걀	285	480
설탕	128	216
코코아 파우더	21	36
베이킹소다	1	2
물	7	12
우유	17	30
계	559	944
충전용 다크 커버추어	119	200
충전용 생크림	119	200
충전용 럼	12	20

만드는 법

1. 달걀을 풀어준 후 설탕을 넣고 중탕한다.

2. 고속으로 휘핑한 후 연한 미색이 되면 중속으로 바꿔 단단한 거품을 올려 준다.

3. 반죽을 떨어뜨려 봤을 때 자국이 천천히 사라지는 정도까지 휘핑한 후 체 친 박력분, 코코아파우더, 베이킹소다를 넣으면서 주걱을 이용해 가볍게 뒤집으면서 섞는다.

4. 중탕으로 따뜻하게 데운 물과 우유를 넣고 섞는다(반죽온도 24℃, 비중 0.45~0.50).
   기포를 꺼트린다는 생각으로 섞어준다.

5. 철판에 위생지를 깔고 반죽을 부은 후 스크레이퍼를 이용해 윗면을 고르게 편다.
   철판을 돌려가며 반죽을 골고루 붓는다.

6. 윗불 168℃, 아랫불 175℃ 오븐에서 15~20분간 굽는다.

7. 타공팬으로 옮겨 위생지를 떼어낸다.

8. 가나슈를 골고루 펴 바르고 밀대를 이용해 말아준다.
   롤 케이크는 되도록 빨리 말아야 표면이 갈라지지 않는다.

Point

- 달걀을 중탕으로 따뜻하게 만들어 준 후 믹싱하면 기포성이 좋은 반죽을 만들 수 있다.
- 믹싱을 많이 하면 구운 후 주저앉으므로 비중을 정확하게 맞춰야 한다.
- 소량의 밀가루를 사용하여 만들기 때문에 굽는 과정에서 수분이 너무 많이 남아있지 않도록 주의한다.
- 팬닝 후 큰 기포는 팬을 가볍게 내리쳐 제거한 후 오븐에 넣는다.
- 가나슈의 온도가 낮아져 굳지 않도록 주의한다.
- 굽고 난 후 롤 케이크가 미지근할 때 말아야 가나슈가 굳지 않고 잘 말린다.

● 충전용 가나슈 만들기

1. 다크커버추어를 중탕으로 녹인 후 생크림을 붓고 섞는다.

2. 완전히 유화되면 럼을 넣고 잘 섞는다.

흑미 롤 케이크
Black rice roll cake

🕐 시험시간 1시간 50분

다음 요구사항대로 흑미 롤 케이크(공립법)를 제조하여 제출하시오.

1. 배합표의 각 재료를 계량하여 재료별로 진열하시오(10분).
   (충전용 재료는 계량시간에서 제외)
2. 반죽은 공립법으로 제조하시오.
3. 반죽온도는 25℃를 표준으로 하시오.

4. 반죽의 비중을 측정하시오.
5. 제시한 팬에 알맞도록 분할하시오.
6. 반죽은 전량을 사용하여 성형하시오.

배합표

재료	비율(%)	무게(g)
박력쌀가루	80	240
흑미쌀가루	20	60
설탕	100	300
달걀	155	465
소금	0.8	2.4(2)
베이킹파우더	0.8	2.4(2)
우유	60	180
계	416.6	1,249.8 (1,249)
충전용 생크림	60	150

만드는 법

1. 달걀을 풀어준 후 설탕과 소금을 넣고 중탕한다.

2. 고속으로 휘핑한 후 연한 미색이 되면 중속으로 바꿔 단단한 거품을 올려 준다.

3. 반죽을 떨어뜨려 보았을 때 자국이 천천히 사라지는 정도까지 휘핑한 후 함께 체 친 박력쌀가루, 흑미쌀가루, 베이킹파우더를 넣고 주걱을 이용해 가볍게 뒤집으면서 섞는다.

4. 중탕으로 따뜻하게 데운 우유에 반죽 일부를 덜어 섞은 후 본 반죽에 넣고 가볍게 섞는다(반죽온도 25℃, 비중 0.45~0.50).
   기포를 꺼트린다는 생각으로 섞어준다.

5. 철판에 위생지를 깔고 반죽을 부은 후 스크레이퍼를 이용해 윗면을 고르게 편다.
   철판을 돌려가며 반죽을 골고루 붓는다.

6. 윗불 175℃, 아랫불 175℃ 오븐에서 15~20분간 굽는다.

7. 타공팬으로 옮겨 완전히 식힌 후 위생지를 떼어낸다.

8. 생크림을 골고루 펴 바른 후 밀대를 이용해 말아준다.

💬 **Point**

- 달걀과 설탕을 중탕하여 믹싱하면 달걀의 기포성이 양호하고 설탕의 용해도가 좋아 균일한 껍질색을 얻을 수 있다.
- 유지가 들어가지 않고 쌀가루를 사용하기 때문에 팬닝하기 전 기포를 충분히 꺼트려준다.
- 팬닝 후 큰 기포는 팬을 가볍게 내리쳐 제거한 후 오븐에 넣는다.
- 쌀가루와 흑미쌀가루를 사용하지만 흑미의 비중이 적어 스펀지는 미색을 띤다. 충전물로 생크림을 사용해 부피가 커지므로 주의해서 말아야 한다.

버터 스펀지 케이크 <small>공립법</small>

Butter sponge cake

공립법이란

달걀을 흰자와 노른자 구별없이 한꺼번에 넣고 거품내는 방법으로 흰자와 노른자를 따로 거품낸 후 혼합하는 별립법보다 다소 무겁다. 둘 다 거품형 케이크 반죽에 사용하는데 공립법으로 반죽하면 케이크의 조직이 별립법에 비해 조밀하고 거품의 크기가 작다.

🕐 시험시간 1시간 50분

다음 요구사항대로 버터 스펀지 케이크(공립법)를 제조하여 제출하시오.

1. 배합표의 각 재료를 계량하여 재료별로 진열하시오(6분).
2. 반죽은 공립법으로 제조하시오.
3. 반죽온도는 25℃를 표준으로 하시오.
4. 반죽의 비중을 측정하시오.
5. 제시한 팬에 알맞도록 분할하시오.
6. 반죽은 전량 사용하여 성형하시오.

배합표

재료	비율(%)	무게(g)
박력분	100	500
설탕	120	600
달걀	180	900
소금	1	5(4)
바닐라 향	0.5	2.5(2)
버터	20	100
계	421.5	2,107.5 (2,106)

만드는 법

1. 달걀을 잘 풀어주고 설탕, 소금을 넣고 섞은 후 향을 첨가하여 반죽이 일정한 간격으로 떨어질 때까지 거품을 낸다.

2. 박력분을 체로 친 후 가볍게 혼합한다. 반죽을 찍어 떨어뜨릴 때 거의 매달린 상태가 적당하다.

3. 버터를 녹여(60℃) 2에 넣고 골고루 혼합한다(반죽온도 25℃, 비중 0.55± 0.05).

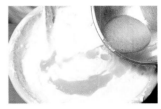

버터가 바닥에 가라앉지 않게 하면서 빠른 시간 내에 혼합한다.

4. 평철판이나 원형 틀에 위생지를 깔고 틀 용적의 60~65% 정도 반죽을 채운다.

5. 반죽 내의 큰 공기 방울을 제거하면서 고무주걱으로 윗면을 고르게 편다.

6. 윗불 175℃, 아랫불 170℃ 오븐에서 25~30분간 굽는다.

제품평가

1. 틀 위로 부풀어 오른 정도가 알맞고 대칭을 이뤄야 한다.
2. 옆면과 윗면 모두 연한 황금갈색이 나야 한다.
3. 껍질이 벗겨지지 않고, 속결은 기공과 조직이 균일해야 한다.
4. 끈적거림이나 탄 냄새, 생재료 맛이 나지 않으며 버터의 은은한 향이 나야 한다.

💬 Point

밀가루는 사용하기 바로 전에 체로 친다. 이는 밀가루 덩어리와 불순물을 걸러내고 밀가루 알갱이 사이에 공기를 포함시키기 위해서다. 공기를 품은 밀가루로 반죽하면 혼합·흡수성이 뛰어나 부피가 크고 속결이 부드러운 제품을 만들 수 있다. 또 버터 스펀지 케이크는 달걀의 거품을 올리는 것과 버터 혼합과정이 비중을 맞추는 데 중요한 역할을 하기 때문에 주의해야 한다.

버터 스펀지 케이크 별립법

Butter sponge cake

별립법이란

스펀지 반죽의 제법은 2가지로 나눌 수 있는데 차이점은 달걀의 에어레이션 순서이다. 이중 별립법은 문자 그대로 달걀을 흰자와 노른자로 나눠 각각 휘핑한 후 섞는 방법이다. 별립법으로 제품을 만들 경우 재료혼합이 일정하지 않게 되는 단점이 있다. 반면 기포가 단단하기 때문에 꺼지기 쉬운 배합이나 공정에도 응용하기 쉬운 것이 장점이다.

〈제품 사진은 142p 참조〉

> ### ⏱ 시험시간 1시간 50분
>
> 다음 요구사항대로 버터 스펀지 케이크(별립법)를 제조하여 제출하시오.
>
> 1. 배합표의 각 재료를 계량하여 재료별로 진열하시오(8분).
>   (계량시간 내에는 달걀의 개수로 계량 후 제조 시 달걀흰자, 노른자를 분리하여 별립법으로 제조)
> 2. 반죽온도는 23℃를 표준으로 하시오.
> 3. 반죽은 별립법으로 제조하시오.
> 4. 반죽의 비중을 측정하시오.
> 5. 제시한 팬에 알맞도록 분할하시오.
> 6. 반죽은 전량 사용하여 성형하시오.

배합표

재료	비율(%)	무게(g)
박력분	100	600
설탕A	60	360
설탕B	60	360
달걀	150	900
소금	1.5	9(8)
베이킹파우더	1	6
바닐라 향	0.5	3(2)
용해 버터	25	150
계	398	2,388 (2,386)

만드는 법

1. 달걀을 노른자와 흰자로 분리한다.

2. 노른자를 골고루 풀어준 후 설탕A, 소금, 향을 넣고 섞는다.

3. 흰자를 60%까지 휘핑한 후 설탕 B를 조금씩 넣으면서 80~90%까지 휘핑해 머랭을 만든다.

4. 2에 머랭 1/3을 넣고 섞는다.

5. 박력분, 베이킹파우더를 체로 친 후 4에 넣고 가볍게 섞는다.

6. 버터를 녹여 고루 섞은 후 나머지 머랭을 넣고 섞는다(반죽온도 23℃, 비중0.55±0.05).

7. 원형 틀 또는 평철판에 위생지를 깔고 50~60% 정도 반죽을 채운다.

8. 윗불 175℃, 아랫불 170℃(평철판의 경우에는 200℃ 전후)오븐에서 25~30분간 굽는다.

에인젤 푸드 케이크
Angel food cake

배합표

재료	비율(%)	무게(g)
박력분	100	200
설탕	141	282
흰자	261	522
주석산크림	3.85	7.7
소금	3.85	7.7
향	3.85	7.7
분당	120	240

만드는 법

1. 흰자, 소금, 주석산크림을 저속으로 2분간 믹싱한다.
   주석산크림을 섞는 방법에는 머랭을 만들 때 주석산크림을 넣는 산전처리법과 마지막에
   밀가루, 분당과 함께 넣는 산후처리법이 있다.

2. 설탕을 서서히 투입하면서 중간피크의 머랭을 만든다.

3. 밀가루와 분당을 체로 친 후 섞는다.

4. 에인젤 틀에 분무기로 물을 뿌린다.

5. 에인젤 틀에 60~65% 정도 반죽을 채우고 200~210℃ 오븐에서 굽는다.

멥쌀 스펀지 케이크
Noglutinous rice sponge cake

배합표

재료	비율(%)	무게(g)
박력 멥쌀가루	100	500
설탕	110	550
달걀	160	800
소금	0.8	4
바닐라향	0.4	2
베이킹파우더	0.4	2
계	371.6	1,858

Point

- 멥쌀 스폰지 케이크는 반죽의 비중이 0.45~0.50이 나오도록 만든다.
- 멥쌀가루가 뭉치지 않도록 유의해서 혼합한다.
- 유지가 들어가지 않기 때문에 팬에 팬닝하기 전 기포를 충분히 죽여준 다음 팬닝한다.
- 오븐에서 나오면 탭핑을 한 번 하고 뜨거운 팬에서 빨리 꺼낸다.

만드는 법

1. 믹서볼에 달걀을 넣고 거품기로 풀어준 다음 설탕, 소금을 넣고 섞은 후 바닐라향을 넣고 저속-중속-고속-중속으로 기포가 균일해지도록 믹싱한다.

2. 멥쌀가루와 베이킹파우더를 함께 체쳐 넣고 가볍게 혼합한다.

3. 팬에 유산지를 알맞게 재단해 깔고 반죽을 60% 정도 넣고 표면을 고르게 한 다음 가볍게 탭핑해 기포를 제거한다.

4. 윗불 175℃, 아랫불 170℃ 오븐에서 25~30분 동안 굽는다.

오믈렛
Omelettes

148
제과실기

배합표

스펀지(달걀은 총 210%를 사용함)

재료	비율(%)	무게(g)
박력분	100	300
노른자	70	210
흰자	140	420
설탕A	60	180
설탕B	80	240
소금	1	3
바닐라향	0.5	1.5
계	451.5	1,354.5

생크림

재료	비율(%)	무게(g)
생크림	100	500
설탕	8	40
브랜디(술)	4	20
계	112	560

제품평가

1. 충전 크림의 양이 알맞아 반 접은 상태의 오믈렛에 양감이 있어야 한다.
2. 전체적으로 찌그러진 부분이 없고 대칭을 이뤄야 한다.
3. 껍질이 터지거나 끈적거려서는 안 된다.
4. 껍질색은 밝은 갈색이 나야 한다.

만드는 법

1. 노른자를 골고루 풀어준 후 소금, 설탕A, 향료를 넣고 하얗게 될 때까지 믹싱한다.

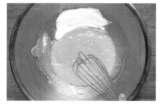

   노른자를 먼저 풀어주지 않으면 설탕을 넣었을 때 덩어리가 진다.

2. 흰자를 60%까지 휘핑한 후 설탕B를 조금씩 넣으면서 중간피크(85~90%)까지 휘핑해 머랭을 만든다.

   휘핑 시 처음에는 설탕을 조금 넣어야 설탕이 가라앉아 페이스트 상태로 남는 것을 막을 수 있다.

3. 1에 머랭을 1/3 정도만 넣고 섞는다.

4. 밀가루를 체로 친 후 섞고 나머지 머랭도 섞는다(반죽온도 20℃, 비중 0.45±0.05).

5. 짤주머니에 지름 1~1.2cm의 둥근 깍지를 끼우고 반죽을 채운다.

6. 평철판에 위생지를 깔고 지름 10cm 정도의 동심원 모양으로 짠다.

7. 210~230℃ 오븐에서 7~8분간 굽는다.

   너무 오래 구우면 제품이 건조해져, 식은 뒤 반달모양으로 접을 때 터진다.

8. 식은 후 뒤집어서 물칠을 하고 종이를 떼낸다.

9. 충전 크림을 오믈렛 시트에 짠 후 반으로 접어 반달모양을 만든다.

   크림이 전혀 보이지 않거나 넘쳐 나오지 않도록 알맞게 짠다.

● 충전크림

생크림, 설탕, 술을 휘저어 중간피크까지 거품을 낸다.

나가사키(長崎) 카스텔라
Nagasaki castilla

배합표

재료	비율(%)	무게(g)
박력분	100	245
설탕	180	441
노른자	66	161
소금	1	2.5
정종	32	78
우유	37	91
버터	29	71
물엿	8	20
달걀	120	294

5. 160～190℃ 오븐에서 60～70분간 굽는다.

6. 굽기 시작한지 3분이 지나면 오븐에서 꺼내 분무기로 물을 뿌리고 휘젓기를 한다.

7. 다시 2분 30초가 경과한 후 1번, 또 2분이 경과한 후 1번씩 분무기로 물을 뿌린 후 휘젓기를 한다.

8. 굽는 도중에 카스텔라 색깔이 들면 뚜껑을 덮고 굽는다.
   굽는 중간에 색깔이 진하면 뚜껑을 교환해준다.

만드는 법

1. 달걀과 노른자를 잘 풀어준 후 설탕, 물엿, 소금을 넣고 혼합해 휘핑한다.
   거품을 찍어 떨어뜨리면 간격을 유지하면서 뚝뚝 떨어지는 상태가 적당하다.

2. 박력분을 체로 친 후 1에 넣고 나무주걱으로 가볍게 잘 섞어준다.

3. 다른 그릇에 버터를 녹이고 정종, 우유와 섞은 후 2에 넣어 골고루 혼합한다.

4. 나가사키 카스텔라 전용 틀에 종이를 깔고 약 50～60% 정도 채운다.

옥수수머핀
Corn muffin

배합표

재료	비율(%)	무게(g)
박력분	100	400
달걀	100	400
버터	110	440
설탕	100	400
베이킹파우더	2	8
옥수수분말	32	128
소금	1	4
스위트콘	15	60

만드는 법

1. 버터를 부드럽게 한 후 설탕, 소금을 넣고 크림 상태로 만든다.

2. 1에 달걀을 3~4회 나누어 넣으면서 부드러운 크림 상태로 만든다.

3. 박력분, 베이킹파우더, 옥수수분말을 체로 친 후 2에 넣고 가볍게 섞은 후 스위트콘을 넣고 섞는다.

4. 머핀 컵 또는 은박지 컵에 위생지를 깔고 60% 정도 반죽을 채운다.

5. 185~195℃ 오븐에서 25~30분간 굽는다.

부셰
Bouchée

배합표

재료	비율(%)	무게(g)
노른자	66	264
흰자	133	532
박력분	100	400
설탕A	50	200
설탕B	50	200
분당		약간

샌드용 크림

버터크림

만드는 법

1. 노른자에 설탕A를 넣고 중간 정도로 믹싱한다.

2. 흰자를 60% 정도 믹싱한 후 설탕B를 넣으면서 믹싱해 90% 정도의 머랭을 만든다.

3. 1과 머랭 1/3을 혼합한다.

4. 밀가루를 체친 후 3과 가볍게 섞어준 후 나머지 머랭도 혼합해준다.

5. 짤주머니에 지름 1~1.5cm 정도의 둥근 깍지를 끼우고 반죽을 채운다.

6. 평철판에 종이를 깔고 지름 5cm, 높이 3cm 정도로 짠 후 분당을 뿌려준다.

7. 190~200℃ 오븐에서 12~14분간 굽는다.

8. 버터크림을 짜주고 서로 붙인다.

카르디날 슈니텐
Kardinal schnitten

배합표

재료	비율(%)	무게(g)
박력분	100	150
설탕A	100	150
달걀	200	300
노른자	185	278
베이킹파우더	2.6	4
설탕B	100	150
흰자	237	356
전분	27	41

커피크림

재료	비율(%)
생크림	100
커피	1~2

5. 짤주머니에 직경 1cm의 둥근 깍지를 끼우고 각각 2(스펀지 반죽)와 4(머랭)를 채운다.

6. 철판에 종이를 깔고 머랭을 세줄 짠다. 사이를 1.2cm 정도씩 띄우고 짠다.

7. 스펀지 반죽을 머랭 사이에 짠다.

8. 190~200℃ 오븐에서 25~30분간 굽는다.

9. 식힌 후 종이를 떼내고 커피크림을 샌드한다.

만드는 법

1. 달걀과 노른자를 잘 섞어준 후 설탕A를 넣고 거품 상태로 만든다.

2. 박력분과 베이킹파우더를 체로 친 후 1과 가볍게 섞어준다.

3. 흰자를 60% 정도 믹싱한 후 설탕을 넣으면서 믹싱해 90% 정도의 머랭을 만든다.

4. 3에 전분을 넣고 가볍게 섞는다.

치즈 케이크
Cheese cake

수플레 치즈케이크를 변형한 제품으로 스펀지케이크를 이용하지 않고 작은 용기에 디저트용으로 제공되는 품목이다. 머랭을 이용한 별립법으로 오븐에서 중탕으로 오래 굽기 때문에 머랭 반죽시 거품을 지나치게 형성하면 비중이 너무 가벼워져 오븐에서 꺼낸 후 주저앉을 수 있다. 종이를 사용하지 않고 팬닝하기 전 버터를 팬닝하고 설탕으로 스프레드하여 굽고 난 후 살짝 흔들어서 빼낸다.

다음 요구사항대로 시폰 케이크(시퐁법)를 제조하여 제출하시오.

1. 배합표의 각 재료를 계량하여 재료별로 진열하시오(9분).
   (계량시간 내에는 달걀의 개수로 계량 후 제조 시 달걀흰자,
   노른자를 분리하여 별립법으로 제조)
2. 반죽은 별립법으로 제조하시오.
3. 반죽온도는 20℃를 표준으로 하시오.
4. 반죽의 비중을 측정하시오.

5. 제시한 팬에 알맞도록 분할하시오.
6. 굽기는 중탕으로 하시오.
7. 반죽은 전량을 사용하시오.
※ 감독위원은 시험 전 주어진 팬을 감안하여 팬의 개수를
   지정하여 공지한다.

배합표

재료	비율(%)	무게(g)
중력분	100	80
버터	100	80
설탕(A)	100	80
설탕(B)	100	80
달걀	300	240
크림치즈	500	400
우유	162.5	130
럼주	12.5	10
레몬쥬스	25	20
계	1,400	1,120

만드는 법

1. 달걀을 노른자와 흰자로 분리한다.
2. 버터와 설탕(A), 크림치즈, 노른자를 덩어리지지 않게 크림화한다.
3. 우유, 럼, 레몬쥬스를 넣고 부드럽게 믹싱한다.

4. 흰자와 설탕(B)를 이용하여 중간피크의 머랭을 만든다.

5. 크림치즈 반죽과 머랭 1/2을 넣고 가볍게 섞고 체친가루를 넣고 섞은 후 나머지 머랭을 넣고 마무리한다.

6. 용기(비중컵)에 버터와 설탕을 바르고 80% 정도 팬닝한 후 중탕법으로 윗불 150℃, 아랫불 150℃ 오븐에서 50분간 굽는다.

Point

크림치즈 혼합물을 만들 때 덩어리지지 않게 크림치즈를 충분히 풀어준 다음 버터와 노른자를 넣고 크림화하고 우유와 럼주, 레몬 주스를 첨가하여 완성한다. 철판에 물을 부어 팬닝할 때 컵에 물이 들어가지 않게 주의하야 하며 머랭을 넣고 반죽을 마무리할 때 충분히 저어줘 비중을 맞춘다.

자허토르테

Sachertorte

자허토르테가 처음 등장한 것은 1814년 9월부터 다음 해 6월까지 오스트리아에서 개최된 빈(Wien)회의에서다. 빈 회의는 프랑스 혁명 전쟁과 나폴레옹 전쟁의 사후 처리를 위해 유럽 제국이 모인 국제회의였다. 이 회의의 발안자인 오스트리아 외상 메테르니히는 자신의 직속 요리사인 에드바르트 자허에게 각국 대표를 놀라게 할 만한 디저트를 준비하라고 명령했고 그는 지시에 따라 초콜릿 스펀지 케이크를 만든다. 이것이 후에 이 요리사의 이름을 따서 자허토르테가 되었다.

배합표

초콜릿 스펀지

재료	비율(%)	무게(g)
버터	100	200
슈거파우더	45	90
소금	0.5	1
럼	30	60
노른자	60	120
초콜릿	90	180
흰자	120	240
설탕	15	30
박력분	100	200

퐁당

재료	비율(%)	무게(g)
설탕	100	100
물엿	18	18
물	34	34
주석산크림	0.4	0.4

가나슈

재료	비율(%)	무게(g)
초콜릿	100	400
생크림	60	240
물엿	10	40
버터	10	40

만드는 법

1. 초콜릿을 녹인 후 버터, 슈거파우더, 소금을 넣고 크림 상태로 만든다.

2. 노른자를 조금씩 넣고 믹싱해 크림 상태로 만든 후 럼을 넣고 섞어준다.

3. 흰자를 60% 정도 믹싱한 후 설탕을 조금씩 넣으면서 믹싱해 90% 정도의 머랭을 만든다.

4. 2에 머랭 1/3을 넣고 혼합한다.

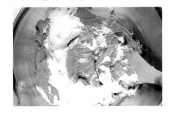

5. 박력분을 체로 친 후 4와 혼합하고 나머지 머랭도 섞어준다.

6. 원형 틀에 위생지를 깔고 반죽을 60% 정도 채운다.

7. 180~190℃ 오븐에서 30~35분간 굽는다.

8. 식힌 후 버터크림으로 아이싱을 하고 퐁당, 초콜릿 순서로 코팅한다.

퐁당으로 먼저 코팅을 하면 초콜릿만 사용할 때보다 표면이 더욱 매끄럽다.

9. 윗면에 자허(Sacher)라고 쓴다.

● 퐁당

1. 설탕, 물엿, 물, 주석산크림을 한데 넣고 114~118℃까지 끓인다.

2. 40℃까지 급랭시킨 후 대리석 작업대 위에서 나무주걱을 이용해 한 덩어리로 뭉쳐질 때까지 휘젓기를 한다.

● 가나슈

1. 생크림을 끓인다.

2. 초콜릿을 중탕으로 녹인 후 1과 섞고 물엿, 버터를 넣고 섞는다.

파운드 케이크
Pound cake

파운드 케이크는 버터, 설탕, 달걀, 밀가루를 1파운드(450g)씩 섞어 만든 반죽을 둥근 틀에 채워 구운 버터 케이크다.

다음 요구사항대로 파운드 케이크를 제조하여 제출하시오.
1. 배합표의 각 재료를 계량하여 재료별로 진열하시오(9분).
2. 반죽온도는 23℃를 표준으로 하시오.
3. 반죽은 크림법으로 제조하시오.
4. 반죽의 비중을 측정하시오.
5. 윗면을 터뜨리는 제품을 만드시오.
6. 반죽은 전량을 사용하여 성형하시오.

배합표

재료	비율(%)	무게(g)
박력분	100	800
설탕	80	640
버터	80	640
유화제	2	16
소금	1	8
탈지분유	2	16
바닐라향	0.5	4
베이킹파우더	2	16
달걀	80	640
계	347.5	2,780
달걀물	6	48

만드는 법

1. 버터를 부드럽게 한 후 소금, 설탕, 유화제를 넣고 크림 상태로 만든다.

2. 달걀을 조금씩 넣으면서 부드러운 크림을 만든다.
   반죽 상태는 미색을 띠고 매끄러워야 한다.

3. 베이킹파우더, 박력분, 탈지분유를 체친 후 섞는다(반죽온도 23℃, 비중 0.75±0.05).

4. 기름기 없는 틀을 준비하여 위생지를 깔고 틀의 70% 정도만 반죽을 채운다.

5. 윗불 230~240℃, 아랫불 170℃ 오븐에서 35~40분간 굽는다.
   처음에는 윗불을 강하게 해서 껍질색이 빨리 갈색이 되도록 한다.

6. 윗면에 갈색이 들면 오븐에서 꺼내 가운데를 자른다.

7. 뚜껑을 덮고 다시 윗불을 180℃로 낮추어 굽는다.
   감독위원 요구 시 구워낸 파운드 케이크 윗면에 달걀물(노른자 100%+설탕 20~40%)을 바른다. 이때 거품이 일지 않도록 주의하고 터진 부분에 달걀을 더 많이 칠한다.
   뚜껑을 덮는 이유는 껍질색이 너무 진하지 않고 표피를 얇게 하기 위해서다.

제품평가

1. 터뜨린 윗면 중앙이 조금 솟은 꼴로 대칭을 이뤄야 한다.
2. 속결은 밝은 노란색을 띠고 부드러워야 한다.
3. 껍질은 두껍지 않고 부드러우며, 반점이 없어야 한다.

Point

파운드 케이크 반죽을 만들 때는 기계나 주걱, 손 중 어느 것을 사용해도 무방하므로 평소 자신에게 익숙한 반죽 도구를 택하는 것이 시험장에서 유리하다. 또 무조건 하얗고 매끄럽게 기포를 올린다고 좋은 제품이 나오는 것은 아니므로 평소 많은 경험과 연습이 필요하다.

데블스 푸드 케이크
Devil's food cake

데블스 푸드 케이크는 미국식 초콜릿 케이크로 유럽식과 달리 분유와 쇼트닝을 사용하고 베이킹파우더를 배합하는 것이 특징이다. 데블은 악마를 뜻하는 용어로 초콜릿 특유의 색과 풍미를 갖고 있어 하얀 에인젤 푸드 케이크와 대조적이기 때문에 붙여진 명칭이다.

배합표

재료	비율(%)	무게(g)
박력분	100	600
설탕	110	660
쇼트닝	50	300
달걀	55	330
탈지분유	11.5	69
물	103.5	621
코코아	20	120
베이킹파우더	3	18
소금	2	12
유화제	3	18
바닐라향	0.5	3
계	458.5	2,751

만드는 법

1. 쇼트닝과 박력분을 믹서 볼에 넣고 저속으로 믹싱해 쇼트닝이 밀가루를 피복할 때까지 믹싱한다.

2. 설탕, 탈지분유, 소금, 코코아, 베이킹파우더, 유화제를 넣고 섞는다.

3. 전체 배합분량 중 달걀 1/2과 물 2/3 정도를 넣고 저속으로 믹싱하면서 모든 재료를 섞어준다.

4. 나머지 달걀을 3~4회 정도로 나누어 넣으면서 중속으로 믹싱해 부드러운 크림 상태로 만든다.

5. 남은 물을 넣고 고르게 섞는다(반죽온도 23℃, 비중 0.8±0.05).

6. 원형 틀에 위생지를 깔고 반죽을 55% 정도 채운다.

7. 190℃ 오븐에서 30~35분간 굽는다. 반죽이 진한 코코아색이므로 굽는데 주의한다.

Point

데블스 푸드 케이크는 굽는 과정에서 코코아 색이 진하게 난다. 따라서 완전히 익지 않은 상태에서 꺼내는 경우가 많으므로 주의해야 한다. 반면 너무 굽게 되면 제품이 건조해진다.

옐로 레이어 케이크
Yellow layer cake

배합표

재료	비율(%)	무게(g)
박력분	100	600
설탕	110	660
쇼트닝	50	300
달걀	55	330
소금	2	12
유화제	3	18
베이킹파우더	3	18
탈지분유	8	48
물	72	432
바닐라향	0.5	3
계	403.5	2,421

만드는 법

1. 쇼트닝을 부드럽게 한 후 소금, 설탕, 유화제를 넣고 크림 상태로 만든다.

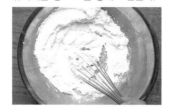

2. 달걀을 조금씩 넣으면서 부드러운 크림 상태로 만든 후 향을 첨가한다.

3. 물 1/2을 조금씩 넣으면서 저속 또는 중속으로 혼합한다.

4. 베이킹파우더, 밀가루, 탈지분유를 체로 친 후 3에 넣고 가볍게 섞어 부드러운 반죽을 만든다.

5. 나머지 물을 넣고 혼합한다(반죽온도 23℃, 비중 0.8±0.05).

6. 원형 틀에 위생지를 깔고 55% 정도 반죽을 채운다.

7. 190℃ 오븐에서 30~35분간 굽는다.

엘로 레이어 케이크는 반죽의 비중을 정확히 맞추는 것이 중요하다. 시험을 볼 때는 비중이 작을 경우 물을 더 넣거나 나무주걱으로 저어 맞출 수 있지만 비중이 큰 경우는 수정할 수가 없으므로 주의한다. 또 크림이 파괴되면 비중이 1에 가까워지므로 조심한다.

과일 케이크
Fruits cake

🕐 시험시간 2시간 30분

다음 요구사항대로 과일 케이크를 제조하여 제출하시오.

1. 배합표의 각 재료를 계량하여 재료별로 진열하시오(13분).
   (계량시간 내에는 달걀의 개수로 계량 후 제조 시 달걀흰자, 노른자를 분리하여 별립법으로 제조)
2. 반죽온도는 23℃를 표준으로 하시오.
3. 반죽은 별립법으로 제조하시오.
4. 제시한 팬에 알맞도록 분할하시오.
5. 반죽은 전량을 사용하여 성형하시오.

배합표

재료	비율(%)	무게(g)
박력분	100	500
설탕	90	450
마가린	55	275(276)
달걀	100	500
우유	18	90
베이킹파우더	1	5(4)
소금	1.5	7.5(8)
건포도	15	75(76)
체리	30	150
호두	20	100
오렌지필	13	65(66)
제과제빵용 럼	16	80
바닐라향	0.4	2
계	459.9	2,299.5 (2,300~ 2,302)

제품평가

1. 부풀어 오른 정도가 알맞고 전체적인 모양이 원형이어야 한다.
2. 껍질은 두껍지 않고 부드러우며 반점이나 공기 방울 자국이 없어야 한다.
3. 제품을 잘랐을 때 과일이 한쪽에 몰려 있거나 아래로 가라앉지 않아야 한다.
4. 끈적거리지 않고 탄 냄새, 익지 않은 생재료 맛이 나면 안 된다.

만드는 법

1. 마가린을 부드럽게 한 후 전체 설탕 중 60%와 소금을 넣고 크림 상태로 만든다.

2. 노른자를 3~4회로 나누어 넣으면서 크림 상태로 만든 후 향을 첨가한다.

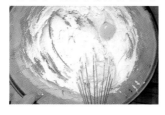

3. 흰자를 60% 정도 믹싱한 후 나머지 설탕을 조금씩 넣으면서 90%까지 거품을 내 단단한 머랭을 만든다.

4. 2에 전처리한 충전물을 넣고 고루 섞은 다음 머랭 1/3을 넣어 섞고, 우유를 넣어 섞는다.

5. 박력분, 베이킹파우더를 체로 친 후 4에 넣고 섞은 후 나머지 머랭도 섞는다.

6. 원형 틀에 위생지를 깔고 80% 정도 반죽을 채운다.

7. 윗불 180℃, 아랫불 170℃ 오븐에서 35~40분간 굽는다.

● 충전물 전처리

1. 호두는 잘개 쪼개 살짝 볶는다.

2. 오렌지필, 체리는 술을 부어 버무려 둔다.

Point

노른자를 한꺼번에 넣고 휘핑하면 노른자 내의 수분과 유지가 섞이지 못해 크림이 분리되므로 상태를 살피면서 조금씩 넣어야 한다. 충전물은 일단 밀가루로 버무려 사용하면 밑으로 가라앉는 것을 방지할 수 있다.

마데라 컵케이크

Madeira cup cake

크림법이란 재료를 크림 상태로 만들어 섞는 방법. 유지를 부드럽게 풀어준 후 소금 및 설탕을 넣고 크림화한
다. 달걀을 하나씩 넣으면서 부드러운 크림 상태로 만든다. 이때 달걀을 한꺼번에 넣으면 분리(유지와 달걀이
섞이지 않고 따로 노는 현상)가 일어나므로 조금씩 넣어주는 것이 좋다.

다음 요구사항대로 마데라(컵) 케이크를 제조하여 제출하시오.

1. 배합표의 각 재료를 계량하여 재료별로 진열하시오(9분).
   (충전용 재료는 계량시간에서 제외)
2. 반죽온도는 24℃를 표준으로 하시오.
3. 반죽은 크림법으로 제조하시오.
4. 반죽분할은 주어진 팬에 알맞은 양을 패닝하시오.

5. 적포도주 퐁당을 1회 바르시오.
6. 반죽은 전량을 사용하여 성형하시오.
※ 감독위원은 시험 전 주어진 팬을 감안하여 팬의 개수를 지정하여 공지한다.

배합표

재료	비율(%)	무게(g)
박력분	100	400
버터	85	340
설탕	80	320
소금	1	4
달걀	85	340
베이킹파우더	2.5	10
건포도	25	100
호두	10	40
적포도주	30	120
계	418.5	1,674

적포도주 시럽

재료	비율(%)	무게(g)
적포도주	5	20
분당	20	80

만드는 법

1. 볼에 버터를 넣고 거품기를 이용해 부드럽게 만든다.
2. 설탕과 소금을 넣고 크림 상태로 만든다.
3. 달걀을 조금씩 나누어 넣으면서 부드러운 크림으로 만든다.
4. 건포도와 잘게 썬 호두에 약간의 덧가루를 뿌려 버무린 다음 크림에 넣고 골고루 섞는다(반죽온도 24℃).

5. 체로 친 박력분과 베이킹파우더를 넣고 가볍게 섞은 다음 적포도주를 넣어 섞는다.

6. 컵 케이크팬에 유산지나 종이를 깔아 준비하고 짤주머니에 반죽을 넣어 팬의 70% 정도까지 짠다.

7. 윗불 180℃, 아랫불 160℃의 오븐에서 25~30분 정도 굽다가 껍질색이 나고 내용물이 안정된 상태가 되면 꺼내어 표면에 적포도주 시럽을 고루 발라 다시 오븐에 넣는다.
8. 적포도주 시럽이 증발되어 설탕 피막이 생기면 다시 시럽칠을 하고 구워낸다.

시럽을 바르고 다시 오븐에 넣을 때는 아랫불을 끈다.

Point

충전물은 적포도주에 전처리한 후 꺼내어 소량의 밀가루에 버무린 다음 반죽에 투입해야 가라앉지 않는다.

초코머핀(초코 컵케이크)
Choco muffin

시험시간 1시간 50분

다음 요구사항대로 초코머핀(초코 컵 케이크)를 제조하여 제출하시오.

1. 배합표의 각 재료를 계량하여 재료별로 진열하시오(11분).
2. 반죽은 크림법으로 제조하시오.
3. 반죽온도는 24℃를 표준으로 하시오.
4. 초코칩은 제품의 내부에 골고루 분포되게 하시오.
5. 반죽분할은 주어진 팬에 알맞은 양으로 반죽을 팬닝하시오.
6. 반죽은 전량을 사용하여 분할하시오.

배합표

재료	비율(%)	무게(g)
박력분	100	500
설탕	60	300
버터	60	300
달걀	60	300
소금	1	5(4)
베이킹소다	0.4	2
베이킹파우더	1.6	8
코코아파우더	12	60
물	35	175(174)
탈지분유	6	30
초코칩	36	180
계	372	1,860 (1,858)

Point
- 반죽이 분리되지 않도록 유의한다.
- 가루재료의 양이 많아 반죽이 뭉치므로 물을 먼저 반죽에 넣어 섞는다.
- 초코머핀은 22~24개가 완성된다.

만드는 법

1. 믹서 볼에 버터를 넣고 거품기로 부드럽게 풀어준다.

2. 설탕과 소금을 넣고 크림 상태로 만든다.

3. 달걀을 조금씩 넣으면서 부드러운 크림 상태로 만든다.

4. 반죽에 물을 조금씩 넣어가며 섞은 다음 함께 체 친 박력분, 베이킹소다, 베이킹파우더, 코코아파우더, 탈지분유를 넣고 반죽을 균일하게 섞는다.

5. 반죽에 초코칩을 넣고 가볍게 섞어 반죽을 완성한다(반죽온도 24℃).

6. 주어진 틀에 머핀종이를 깔고 짤주머니에 반죽을 넣어 팬의 70% 정도 팬닝한다.

7. 윗불 180℃, 아랫불 160℃ 오븐에서 20~25분 동안 굽는다.

브라우니
Brownies

다음 요구사항대로 브라우니를 제조하여 제출하시오.

1. 배합표의 각 재료를 계량하여 재료별로 진열하시오(9분).
2. 브라우니는 수작업으로 반죽하시오.
3. 버터와 초콜릿을 함께 녹여서 넣는 1단계 변형 반죽법으로 하시오.
4. 반죽온도는 27℃를 표준으로 하시오.
5. 반죽은 전량을 사용하여 성형하시오.
6. 3호 원형팬 2개에 팬닝하시오.
7. 호두의 반은 반죽에 사용하고 나머지 반은 토핑하며, 반죽 속과 윗면에 골고루 분포되게 하시오(호두는 구워서 사용).

배합표

재료	비율(%)	무게(g)
중력분	100	300
달걀	120	360
설탕	130	390
소금	2	6
버터	50	150
다크초콜릿	150	450
코코아파우더	10	30
바닐라향	2	6
호두	50	150
계	614	1,842

만드는 법

1. 다크초콜릿은 잘게 자른 다음 중탕으로 녹인다.
2. 버터는 약 60℃ 정도로 따뜻하게 녹인다.
3. 다크초콜릿과 버터를 같이 섞는다.

4. 3의 볼에 달걀을 넣고 가볍게 풀어준다.
5. 설탕, 소금을 넣고 섞는다.

6. 섞어놓은 다크초콜릿과 버터를 반죽에 넣고 골고루 섞는다.
7. 함께 체 친 중력분, 코코아파우더, 바닐라향을 넣고 골고루 섞는다.

8. 호두를 구워 반죽에 1/2을 넣고 섞어 반죽을 완성한다(반죽온도 27℃).

9. 팬에 유산지를 재단하여 깔고 반죽의 윗면을 평평하게 정리한 다음 나머지 호두를 골고루 뿌린다.

10. 윗불 170℃, 아랫불 160℃ 오븐에서 40~45분 동안 굽는다.

Point

- 초콜릿은 녹을 정도로 중탕하고, 버터는 약간 뜨겁게 작업하는 것이 좋다.
- 초콜릿이 많이 들어가는 배합으로 반죽이 굳는 경우에는 따뜻한 물을 준비해 밑에 받쳐가며 반죽한다.
- 팬닝 시 반죽이 주르륵 흐를 정도가 되어야 잘 된 반죽이다.
- 초콜릿이 많이 들어가 구움 색으로 판단하기 어려우니 굽는 정도에 유의한다.

화이트 레이어 케이크
White layer cake

배합표

재료	비율(%)	무게(g)
박력분	100	600
설탕	120	720
쇼트닝	60	360
흰자	86	516
소금	2	12
유화제	3	18
베이킹파우더	3	18
주석산크림	0.5	3
물	58	348
탈지분유	6	36
바닐라향	0.5	3
계	439	2,634

만드는 법

1. 쇼트닝을 부드럽게 한 후 소금, 설탕, 유화제를 넣고 크림 상태로 만든다.

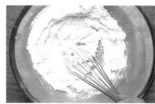

2. 다른 그릇에 흰자와 주석산크림을 넣고 섞는다.

3. 1에 2를 조금씩 넣으면서 부드러운 크림 상태로 만든다.

4. 전체 물 분량 중 1/2만 조금씩 넣으면서 저속 또는 중속으로 혼합한다.

5. 베이킹파우더, 박력분, 탈지분유를 체친 후 4에 넣고 가볍게 섞어 부드러운 반죽을 만든다.

6. 나머지 물을 넣고 혼합한다(반죽온도 23℃, 비중 0.8±0.05).

7. 원형 틀에 반죽을 50~60% 정도 채운다.

8. 190℃ 오븐에서 30분간 굽는다.
   너무 오래 구우면 제품이 건조해지므로 주의한다.

제품평가

1. 속이 완전히 익고 껍질에 고운 황금갈색이 들어야 한다.
2. 윗면이 평평하고 껍질이 벗겨지지 않아야 한다.
3. 틀 위로 부풀어 오른 비율이 알맞아야 한다.
4. 껍질은 두껍지 않고 부드러우며 반점이나 공기 방울 자국이 없어야 한다.
5. 속결은 밝은 흰색을 띠고 줄무늬가 없으며 부드러워야 한다.

Point

화이트 레이어 케이크를 만들 때 유지에 흰자를 조금씩 넣으면서 섞어야 반죽이 분리되지 않는다.

초콜릿 케이크
Chocolate cake

배합표

재료	비율(%)	무게(g)
박력분	100	600
설탕	110	660
쇼트닝	55	330
달걀	65	390
탈지분유	10	60
물	90	540
베이킹파우더	3	18
유화제	3	18
소금	1	6
향	0.5	3
초콜릿	24	144
계	461.5	2,769

만드는 법

1. 쇼트닝을 부드럽게 한 후 유화제, 소금, 설탕을 섞어 부드럽게 만든다.
   쇼트닝과 설탕이 잘 녹지 않을 때는 믹서 볼 밑에 더운 물을 받치고 섞는다.

2. 초콜릿을 중탕으로 녹인 후 섞어준다.

3. 달걀을 3~4회 나누어 넣으면서 부드러운 크림으로 만든다.

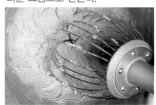

달걀 투입 후 손으로 만져보아 설탕의 거친 느낌이 들지 않을 때까지 중속으로 믹싱한다.

4. 물을 조금씩 넣으면서 저속 또는 중속으로 혼합한다.
   물은 반죽 상태를 보면서 섞는다. 마른 재료를 넣기 전에 전부 넣어도 되고 물을 절반가량 먼저 넣고 마른 재료를 넣은 후 나머지를 넣어도 된다.

5. 박력분, 탈지분유, 베이킹파우더, 향을 체로 친 후 4에 넣고 가볍게 섞으면서 부드러운 반죽을 만든다(반죽온도 23℃, 비중 0.8±0.05).

6. 원형 틀에 위생지를 깔고 반죽을 55% 정도 채운다.

7. 190℃ 오븐에서 30분간 굽는다.

제품평가

1. 틀 위로 부풀어 오른 비율이 알맞고 낮은 원기둥 모양으로 대칭을 이뤄야 한다.

2. 껍질은 두껍지 않고 부드러우며 윗면에 짙은 갈색의 초콜릿 색이 나야 한다.

3. 속결은 기공이 크거나 조직이 조밀하지 않으며 초콜릿 색이 나되 줄무늬나 초콜릿이 뭉쳐진 것이 있으면 안 된다.

4. 씹는 맛이 부드럽고 끈적거림이나 탄 냄새, 생재료 맛이 나면 안 된다.

Point

초콜릿 케이크를 만들 때 초콜릿은 꼭 중탕(중탕온도 45~50℃)한 후 넣어야 한다. 그러나 물의 온도가 너무 높으면 초콜릿이 오히려 굳어지므로 조심해야 한다.

케이크 도넛
Cake doughnuts

배합표

재료	비율(%)	무게(g)
중력분	100	900
달걀	40	360
설탕	45	405
소금	1	9
버터	15	135
탈지분유	4	36
베이킹파우더	3	27
바닐라향	0.2	1.8
넛메그	0.4	3.6
계피가루	1	9
포도당	5	45
계	214.6	1,931.4

만드는 법

1. 달걀, 설탕, 소금, 바닐라향을 고루 섞어 믹싱한다.

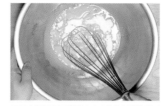

향이 분말이면 중력분과 섞어서 사용한다.

2. 버터를 중탕으로 녹여서 1과 혼합한다.

3. 중력분, 탈지분유, 베이킹파우더, 넛메그를 체로 친 후 2와 가볍게 혼합한다 (반죽온도24℃).

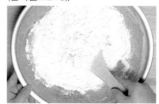

글루텐이 형성되지 않게 가볍게 섞어야 한다.

4. 실온에서 10분간 휴지를 시킨다.

5. 한번에 밀어펴기 좋은 양으로 분할해 0.8~1cm 두께로 반죽을 밀어 편다.

6. 남는 반죽이 없도록 도넛 틀로 찍은 후 덧가루가 많이 묻어 있으면 털어 내고 10~15분간 중간휴지를 시킨다.

반죽이 남지 않도록 찍어내고 덧가루는 지나치게 많이 사용하지 않는다.

7. 180~190℃ 온도의 기름에서 3분간 튀긴다.

8. 계피설탕을 만들어 도넛에 묻힌다.
계피와 설탕을 1:9로 섞어 사용한다.

제품평가

1. 지름과 비교해 두께가 알맞고, 찌그러짐이나 뒤틀림이 없어야 한다.

2. 속결은 밝은 노란색을 띠며 튀김기름을 적당히 흡수한 상태여야 한다.

3. 껍질은 터짐이 규칙적이고 양쪽 면 색깔이 고르고 진하지 않아야 한다.

Point

케이크 도넛을 만들 때는 중간휴지를 꼭 지켜 반죽이 수축하는 것을 방지해야 한다. 또 튀김 온도를 적당히 유지하는 것이 중요하다. 반죽을 넣었을 때 잠시 가라앉았다가 떠오르거나 물 한방울을 떨어뜨리면 탁 튀는 정도(180~190℃)가 적당하다.

바움쿠헨

Baumkuchen

단면이 나무의 나이테 모양인 독일과자다. 처음에는 띠 모양으로 만든 반죽을 굴대에 감고 돌려가면서 굽다가 차츰 묽은 유동 상태의 반죽을 묻혀가며 굽게 되었다. 그러나 이때까지는 과자의 자른 면에 나이테 모양이 선명하게 드러나지는 않았다고 한다. 이후 18세기 경에 현재의 바움쿠헨이 나타났다.

배합표

재료	비율(%)	무게(g)
박력분	80	320
옥수수전분	20	80
설탕A	50	200
설탕B	40	160
마가린	90	360
소금	1	4
베이킹파우더	2	8
달걀	120	480
럼	8	32
바닐라향		소량

만드는 법

1. 마가린을 유연하게 한 후 설탕A, 소금을 넣고 크림 상태로 만든다.

2. 노른자를 3~4회에 걸쳐 나누어 넣으면서 크림 상태로 만든 후 바닐라향을 혼합한다.

3. 흰자를 60% 정도 믹싱한 후 설탕B를 서서히 넣으면서 믹싱해 90% 정도의 머랭을 만든다.

4. 2와 머랭 1/3을 혼합한다.

5. 박력분, 베이킹파우더를 체쳐 넣고 골고루 섞어주고 럼과 나머지 2/3의 머랭도 가볍게 섞어준다.

6. 평철판에 위생지를 깔고 0.2cm 두께로 반죽을 간다.

7. 200~210℃ 오븐에서 7분 정도 갈색이 날 때까지 굽는다.

8. 구운 제품 위에 다시 반죽을 0.2cm 두께로 간 후 같은 조건에서 굽는다.

9. 다른 평철판에 시험지를 깔고 물을 충분히 적신 후 팬닝한 평철판 밑에 간다. 그리고 다시 8의 위에 0.2cm 두께로 반죽을 깔고 같은 조건에서 굽는다.

10. 8과 같은 동작을 15~20회 정도 반복한다.

오븐 밑불이 없는 상태에서 굽는다. 또 굽는 도중 밑에 간 평철판에 물을 충분히 뿌려줘야 밑에 깔린 반죽에 더 이상 진한 갈색이 나지 않고 고른 색깔을 낼 수 있다.

구겔호프
Gugelhopf

배합표

재료	비율(%)	무게(g)
중력분	100	700
전분	20	140
버터	70	490
설탕	70	490
물엿	14	98
달걀	70	490
우유	43	301
베이킹파우더	4	28
레몬필	30	210
건포도	30	210
슬라이스아몬드	30	210
분당		적당량
슬라이스아몬드		적당량

만드는 법

1. 버터를 부드럽게 한 후 설탕, 물엿을 넣고 크림 상태로 만든다.

2. 달걀을 3~4회 나누어 넣으면서 부드러운 크림 상태로 만든다.

3. 우유를 넣고 섞어준 후 중력분, 베이킹파우더, 전분을 체쳐 넣고 가볍게 섞어준다.

4. 레몬필, 아몬드, 건포도를 넣고 가볍게 섞어준다.

5. 지름 18cm의 구겔호프 틀에 버터나 마가린을 녹여서 바르고 슬라이스아몬드를 묻힌다.

6. 구겔호프 틀에 75% 정도 반죽을 채운다.

7. 180~185℃ 오븐에서 40~45분간 굽는다.

8. 완성된 구겔호프를 뒤집어 빼낸 후 분당을 뿌려 마무리한다.

초콜릿 파운드 케이크
Chocolate pound cake

배합표

재료	비율(%)	무게(g)
박력분	100	400
설탕A	70	280
설탕B	50	200
마가린	120	480
달걀	120	480
레몬껍질	0.4	1.6
바닐라향	0.5	2
코코아	18	72
아몬드분말	45	180
베이킹파우더	1.4	5.6
슬라이스아몬드	60	240

토핑용 재료

슬라이스아몬드 적당량

만드는 법

1. 마가린을 유연하게 만든 후 설탕A를 넣고 크림 상태로 만든다.

2. 노른자를 넣고 부드러운 크림 상태로 만든다.

3. 흰자를 60% 정도 믹싱한 후 설탕B를 조금씩 넣으면서 90% 정도의 머랭을 만든다.

4. 2에 머랭 1/2을 넣고 섞는다.

5. 박력분, 코코아, 아몬드분말, 베이킹파우더를 체쳐 넣고 4와 가볍게 섞은 후 바닐라향, 레몬껍질, 슬라이스아몬드를 섞어준다.

슬라이스아몬드와 아몬드분말은 살짝 볶은 것을 사용한다.

6. 나머지 머랭 1/2을 넣고 섞어준다.

7. 파운드 케이크 틀에 종이를 깔고 70% 정도 반죽을 채우고 주걱으로 평평하게 고른다.

8. 윗면에 슬라이스아몬드를 뿌려주고 분무기로 물을 뿌려준다.
   굽는 도중 슬라이스아몬드가 타는 것을 방지하기 위해 물을 뿌려준다.

9. 190~200℃ 오븐에서 35~40분간 굽는다.

마블 파운드 케이크
Marble pound cake

배합표

재료	비율(%)	무게(g)
박력분	100	600
마가린	90	540
설탕A	70	420
설탕B	30	180
달걀	100	600
옥수수전분	10	60
베이킹파우더	1.5	9
코코아	6	36
우유	9	54

만드는 법

1. 마가린을 유연하게 한 후 설탕A를 넣고 크림 상태로 만든다.

2. 노른자를 3~4회 나누어 넣으면서 크림 상태로 만든다.

3. 흰자를 60% 정도 믹싱한 후 설탕B를 조금씩 넣으면서 90% 정도의 머랭을 만든다.

4. 2에 머랭 1/3을 넣고 가볍게 섞어준다.

5. 박력분, 옥수수전분, 베이킹파우더를 체로 친 후 4와 가볍게 섞어준 후 나머지 머랭 2/3를 넣고 섞어준다.

6. 전체 반죽 중 1/4에는 코코아, 우유를 넣고 섞는다.

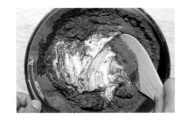

7. 화이트반죽(5번 반죽)과 코코아반죽(6번 반죽)을 각각 짤주머니에 채운 후 번갈아 짜준다.

8. 짜준 반죽을 젓가락 등을 이용해 지그재그로 저어준다.

9. 185~195℃ 오븐에서 30~35분간 굽는다.

모카롤

Mocha roll

배합표

재료	비율(%)	무게(g)
박력분	100	250
설탕A	75	187.5
설탕B	60	150
소금	1	2.5
물엿	15	37.5
베이킹파우더	1	2.5
달걀	280	700
물	14	35
커피	2.5	6.25
식용유	50	125
슬라이스아몬드		적당량

마무리

사과잼 또는 커피버터크림

만드는 법

1. 노른자를 풀어준 후 설탕A, 물엿, 소금을 넣고 거품 상태로 만든다.

2. 물에 커피를 녹여 1에 넣고 섞어준다.

3. 흰자를 60%까지 믹싱한 후 설탕B를 조금씩 넣고 90% 정도의 머랭을 만든다.

4. 2에 머랭 1/2을 넣고 섞어준다.

5. 박력분, 베이킹파우더를 체친 후 4에 넣고 섞어주고 식용유를 넣고 가볍게 섞는다.

6. 나머지 머랭을 넣고 섞는다.

7. 평철판에 위생지를 깔고 반죽을 부은 후 윗면을 평평하게 펴주고 2/3 정도만 슬라이스아몬드를 뿌린다.

8. 180~200℃ 오븐에서 20~25분간 굽는다.

9. 제품이 식으면 뒤집어서 면포 위에 올려놓고 커피버터크림 또는 사과잼을 바른다.

10. 나무 봉을 이용해 말아준다.

    시간이 지나면 표피가 말라서 터지거나 주름이 생긴다. 되도록이면 재빨리 마는 것이 중요하다.

버터 케이크
Butter cake

배합표

재료	비율(%)	무게(g)
박력분	100	500
소금	1	5
달걀	180	900
설탕	120	600
향	0.5	2.5
버터(용해)	20	100

토핑
버터크림, 시럽

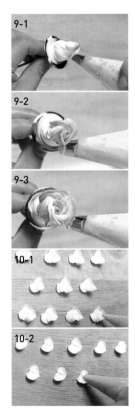

9-1

9-2

9-3

10-1

10-2

만드는 법

1. 달걀을 골고루 풀어준 후 설탕과 소금을 넣고 믹싱한 후 향을 넣는다.

2. 밀가루를 체친 후 1에 넣고 가볍게 섞는다.

3. 용해버터를 넣고 섞는다.

4. 원형 틀에 위생지를 깔고 반죽을 60% 정도 채운다.

5. 190～200℃ 오븐에서 25～30분간 구운 후 식힌다.

6. 스펀지를 두께 1.5cm 정도로 자른 후 그 위에 시럽을 바르고 버터크림을 샌드하는 식으로 3단을 만든다.

7. 버터크림을 아이싱한다.

8. 짤주머니에 버터크림과 붉은 색소를 섞은 버터크림을 함께 넣어 옆면에 짠다.

9. 꽃받침에 장미꽃을 짠다.

10. 줄기를 그리고 힘을 조절해 크고 작은 잎을 짠다.

생크림 케이크
Fresh cream cake

배합표

재료	비율(%)	무게(g)
박력분	100	500
소금	1	5
달걀	180	900
설탕	120	600
향	0.5	2.5
식용유	30	150

토핑
생크림, 시럽, 과일

만드는 법

1. 달걀을 골고루 풀어준 후 설탕과 소금을 넣고 믹싱한 후 향을 넣는다.

2. 밀가루를 체친 후 1에 넣고 가볍게 섞는다.

3. 식용유를 넣고 섞는다.

4. 원형 틀에 위생지를 깔고 반죽을 60% 정도 채운다.

5. 190~200℃ 오븐에서 25~30분간 구운 후 식힌다.

6. 스펀지를 두께 2.5cm 정도로 자른 후 그 위에 시럽을 바르고 과일과 생크림을 샌드하는 식으로 3단을 만든다.

7. 생크림을 아이싱한다.

8. 짤주머니에 생크림을 채워서 옆면과 윗면에 짜준다.

9. 계절 과일로 장식한다.

다쿠아즈

Dacquoise

다음 요구사항대로 다쿠아즈를 제조하여 제출하시오.
1. 배합표의 각 재료를 계량하여 재료별로 진열하시오(5분). (충전용 재료는 계량시간에서 제외)
2. 머랭을 사용하는 반죽을 만드시오.
3. 표피가 갈라지는 다쿠아즈를 만드시오.
4. 다쿠아즈 2개를 크림으로 샌드하여 1조의 제품으로 완성하시오.
5. 반죽은 전량을 사용하여 사용하시오.

배합표

재료	비율(%)	무게(g)
흰자	130	325(326)
설탕	40	100
아몬드분말	80	200
분당	66	165(166)
박력분	20	50
계	336	840(842)
샌드용 크림	90	225(226)

샌드용 크림

재료	비율(%)	무게(g)
설탕	50	200
물	15	60
생크림	25	100
무염버터	100	400

※ 샌드용 크림은 시험장에서 제공됨

만드는 법

1. 스텐볼에 흰자를 넣고 거품기로 60% 정도 휘핑한 다음 설탕을 조금씩 넣으면서 100%의 머랭을 만든다.

2. 분당, 아몬드분말, 박력분을 체질하여 1의 머랭과 섞는다(머랭은 1/3 정도를 먼저 섞은 다음 나머지를 넣어 섞는다).

3. 반죽이 완료되었을 때 흐름성이 없어야 한다.

4. 짜는 주머니에 반죽을 담아 다쿠아즈 틀에 채우고 스크레퍼, 자 등을 이용하여 윗면을 평평하게 펼쳐준다.
다쿠아즈 팬을 사용하지 않을 경우 짜는 주머니에 원형 모양깍지를 끼워 직경 5~6cm의 동심원으로 눌러 짜준다.

5. 틀을 제거한 후 윗면에 분당을 고루 뿌려준다.
분당은 짜준 후 뿌리고 오븐에 넣기전 다시 한번 뿌린다. 너무 많이 뿌리지는 않는다.

6. 윗불 200℃, 아랫불 160℃의 오븐에서 약 10~12분간 굽는다.

7. 캐러멜 크림을 다쿠아즈 2장 사이에 짜서 완성한다(분당이 뿌려진 면이 겉이 되도록 한다).

● 샌드용 크림 만드는 법

1. 동그릇에 설탕과 물을 넣고 끓여 캐러멜화한다.

2. 약 80℃까지 데운 생크림을 1에 넣어 고루 섞은 후 약 25℃까지 냉각시킨다.

3. 버터를 부드럽게 믹싱하면서 냉각된 2의 시럽을 조금씩 넣으면서 부드러운 크림이 되도록 믹싱한다.

4. 표면이 매끄럽고 부드러운 상태의 크림이 되도록 제조한다.

마들렌
Madeleine

비스킷 반죽을 조개 모양으로 구운 소형과자. 프랑스의 대표적인 과자 중의 하나로 풍부한 버터향과 부드러운 식감이 특징이다. 4가지 중요 재료인 밀가루 설탕 유지 달걀이 동량으로 들어가는 제품으로 이와 같은 제품배합은 파운드 케이크에도 적용된다. 오븐의 위치에 따른 온도 차이가 있으면 적당한 시간에 따라 방향을 바꿔주면서 고른 색이 나도록 해야 한다.

🕐 시험시간 1시간 50분

다음 요구사항대로 마들렌을 제조하여 제출하시오.

1. 배합표의 각 재료를 계량하여 재료별로 진열하시오(7분).
2. 반죽온도는 24℃를 표준으로 하시오.
3. 마들렌은 수작업으로 하시오.
4. 버터를 녹여서 넣는 1단계법(변형) 반죽법을 사용하시오.

5. 실온에서 휴지를 시키시오.
6. 제시된 팬에 알맞은 반죽량을 넣으시오.
7. 반죽은 전량을 사용하여 성형하시오.

배합표

재료	비율(%)	무게(g)
박력분	100	400
베이킹파우더	2	8
설탕	100	400
달걀	100	400
레몬껍질	1	4
소금	0.5	2
버터	100	400
계	403.5	1,614

만드는 법

1. 볼에 박력분, 베이킹파우더, 설탕을 넣고 거품기로 골고루 섞는다.

2. 달걀을 2~3회에 걸쳐 나누어 넣으면서 혼합한다.

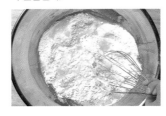

3. 강판에 간 레몬껍질과 소금을 넣고 골고루 섞은 다음 녹인 버터를 넣어 부드럽게 섞는다(반죽온도 24℃).

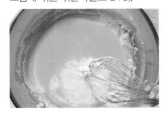

4. 실온에서 30분간 휴지시킨다(여름철에는 냉장휴지).

5. 기름칠한 마들렌 팬에 반죽을 80~90% 정도 채운다(은박컵 사용 시 60~65%).

6. 윗불 200℃, 아랫불 160℃의 오븐에서 20분간 구워낸다.

Point

뜨거운 버터를 혼합할 경우 제품의 부피가 줄어들 수가 있으므로 버터 혼합 시 버터의 상태를 확인한 후 투입한다.

갈레트
Gallette

배합표

재료	비율(%)	무게(g)
버터	100	400
분당	60	240
아몬드 파우더	20	80
박력분	100	400
소금	0.4	1.6
럼	3	12
노른자		3개
레몬즙		1/2개
레몬껍질 (강판에 갈은 것)		1/2개

갈레트는 과자형태를 지닌 것 중 역사가 가장 오래됐다. 신석기 시대 뜨거운 사막지대에 살던 유목민들이 뜨겁게 달궈진 돌 위에 곡식가루 반죽을 구워낸 것이 이 제품의 시초라고 한다. 프랑스에서는 지방마다 특색을 살린 갈레트가 있는데 갈레트 데 루아(Gallette des Rois), 갈레트 브르통(Gallette Breton) 등이 대표적이다.

만드는 법

1. 버터와 분당을 혼합한 후 노른자, 소금을 넣고 크림화가 너무 많이 되지 않게 섞는다.

2. 레몬즙, 레몬껍질, 럼을 넣고 섞는다.

3. 아몬드파우더, 박력분을 체로 친 후 2에 넣고 섞는다.

4. 반죽을 냉장고에서 하루 정도 휴지시킨다.

5. 반죽을 0.9cm 두께로 밀어편 후 지름 5.8cm 정도의 원형 틀로 찍어낸다.

6. 평철판에 일정한 간격으로 놓고 달걀물을 바른다.

7. 포크로 격자무늬를 낸다.

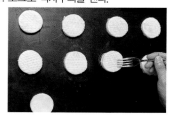

8. 냉동고에서 살짝 굳힌 후 가레트형 틀에 넣고 170℃ 오븐에서 15분간 굽는다.

피낭시에
Financier

배합표

재료	비율(%)	무게(g)
흰자	100	400
소금	0.6	2.4
설탕	60	240
박력분	36	144
꿀	10	40
물엿	20	80
버터	97	388
아몬드분말	36	144

피낭시에는 아몬드분말, 버터, 흰자, 설탕을 주요 재료로 한 버터 반죽을 소형 금괴모양 틀에 넣어 구운 과자를 말한다. 또 같은 재료로 만들되, 표면을 아몬드나 설탕 절임 과일로 장식한 대형과자를 의미하기도 한다.

만드는 법

1. 흰자에 소금, 설탕, 꿀, 물엿을 넣고 중탕으로 용해시킨다.

2. 박력분과 아몬드분말을 체로 친 후 1과 섞어준다.

3. 버터를 용해시켜 2에 넣고 섞은 후 20~30분간 휴지를 시킨다.

4. 틀에 버터를 바르고, 반죽을 80% 정도 짠다.

5. 180~190℃ 오븐에서 20~25분간 굽는다.

프티 케크 오 쇼콜라
Petit cake aux chocolat

배합표

빵반죽

재료	무게(g)
버터	300
초콜릿	300
노른자	240
달걀	150
설탕	200
흰자	350
설탕 (머랭용)	120
밀가루	250
베이킹파우더	5
아몬드파우더	160
초콜릿 드롭스	200

충전용 초콜릿

재료	무게(g)
생크림 (35%)	320
물	400㎖
설탕	480
코코아	180
판젤라틴	16

만드는 법

1. 노른자와 달걀을 섞고 설탕을 넣어 80% 정도까지 믹싱한다.

2. 아몬드파우더를 넣고 녹인 버터, 초콜 릿을 믹싱해가며 섞는다.

3. 2를 볼에 옮긴 뒤 머랭, 밀가루, 초콜릿 드롭스의 순으로 섞는다.

4. 사바랭형 플랙시팬에 짠 다음 180 ~190℃ 오븐에서 20분 정도 굽는다.

5. 충전용 초콜릿을 가운데 짜고 금박이 나 견과류로 장식한다.

● 충전용 초콜릿

1. 젤라틴을 제외한 전 재료를 냄비에 넣고 저어가며 103℃(64Brix)로 끓 인다.

2. 촘촘한 체에 거른 다음 60℃ 정도가 되면 젤라틴을 넣어 녹인다.

출제품목

슈
Choux à la crème

Point 슈 반죽을 철판에 짜고 오븐에 구우면 수분이 급속히 증발하고 부풀며 속이 빈다. 이때 슈반죽을 충분히 부풀게 하려면 녹말이 잘 호화되도록 가열해야 한다. 너무 가열하면 밀가루 속의 글루텐이 변성해 탄력이 없어지고 가열이 불충분하면 점성이 불충분해지거나 녹말이 지방과 뭉쳐 탄력이 균일하지 않게 된다.

🕐 시험시간 2시간

다음 요구사항대로 슈를 제조하여 제출하시오.

1. 배합표의 껍질 재료를 계량하여 재료별로 진열하시오(5분).
2. 껍질 반죽은 수작업으로 하시오.
3. 반죽은 직경 3cm 전후의 원형으로 짜시오.

4. 커스터드 크림을 껍질에 넣어 제품을 완성하시오.
   (충전용 커스터드 크림을 지급 재료로 제공하며,
   수험생은 제조하지 않는다.)
5. 반죽은 전량을 사용하여 성형하시오.

배합표

껍질

재료	비율(%)	무게(g)
물	125	250
버터	100	200
소금	1	2
중력분	100	200
달걀	200	400
계	526	1,052
커스터드 크림	500	1,000

커스터드 크림

재료	비율(%)	무게(g)
우유	100	900
노른자	12	108
설탕	25	225
옥수수전분	10	90
버터	6	54
바닐라향	0.6	5.4
럼	3	27

제품평가

1. 껍질이 자연스럽게 터지고, 구운색이 고르게 나야 한다.
2. 껍질이 물렁물렁해서는 안 되고, 속이 비어 있어야 한다.
3. 바삭바삭한 껍질과 부드러운 크림이 잘 어울려야 한다.

만드는 법

1. 동그릇에 물과 버터, 소금을 넣고 끓인다.

2. 중력분을 체로 친 후 1에 넣고 눌지 않도록 저으면서 충분히 익힌다.

3. 달걀을 1~2개씩 넣으면서 끈기가 생기도록 나무주걱으로 저어준다.

반죽의 되기는 광택이 나고 떨어뜨렸을 때 그대로 모양이 남는 정도가 적당하다.

4. 짤주머니에 지름 1cm의 둥근 깍지를 끼우고 반죽을 채워 지름 3cm 정도로 짠 후 분무기로 표면이 완전히 젖도록 물을 뿌려준다.

물을 뿌리는 것은 표면이 양배추 모양으로 자연스럽게 터지도록 하기 위해서다.

5. 윗불170℃, 아랫불180℃ 오븐에서 15분 정도 팽창시킨 후, 윗불 180℃로 높이고 아랫불 150℃로 낮추어 건조시키면서 굽는다(총 굽는 시간 20~30분).

표면에 수분이 없어질 때까지 건조시키지 않으면 모양이 찌그러진다.

6. 밑면이나 옆면에 구멍을 뚫어준 후 냉각된 크림을 충전한다.

충분히 넣되, 밖으로 흘러 나오지 않도록 한다.

● 커스터드 크림

1. 우유를 80℃ 정도로 데운다.

2. 다른 그릇에 설탕과 옥수수 전분을 넣고 섞은 후 노른자와 섞는다.

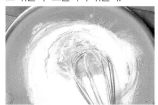

설탕과 옥수수 전분을 먼저 섞은 후 노른자를 넣어야 덩어리가 지지 않는다. 그래도 덩어리가 질 것 같으면 우유를 조금 넣고 섞는다.

3. 2에 1을 넣고 불에 올려 풀같은 상태가 될 때까지 젓는다. 끓기 시작해 1~2분이 지나면 불에서 내린다.

4. 뜨거울 때 버터를 넣고 섞은 후 바닐라향을 넣는다.

크림에 광택이 나면서 찰기가 있어야 한다.

5. 향이 날아가지 않도록 식은 후 럼을 넣고 섞는다.

에클레르
Éclair

에클레르는 번개란 뜻의 프랑스어로 슈의 표면에 바른 초콜릿이나 커피퐁당이 빛에 반사돼 번개처럼 번쩍번쩍 빛난다고 해서 붙여진 명칭이다.

배합표

슈껍질

재료	비율(%)	무게(g)
중력분	100	250
소금	0.5	1.3
달걀	210	525
버터	60	150
물	120	300

초콜릿크림

재료	비율(%)	무게(g)
우유	100	1,000
박력분	10	100
설탕	25	250
노른자	15	150
초콜릿	20	200
바닐라향	0.3	3
럼	10	100
생크림	30	300

마무리

초콜릿, 커피 퐁당

만드는 법

1. 물, 버터, 소금을 넣고 끓인다.

2. 밀가루를 체로 친 후 1에 넣고 약 30초 정도 눌지 않도록 저으면서 익힌다.

3. 2에 달걀을 1개씩 넣으면서 섞어준다.

4. 짤주머니에 지름 1cm의 둥근 깍지를 끼운 후 반죽을 채운다.

5. 길이가 8cm 정도로 짜준 후 표면에 물을 뿌려준다.

6. 220℃ 오븐에서 20~25분간 굽는다.

7. 옆면에 구멍을 뚫어준 후 초콜릿크림을 주입한다.

8. 커피, 초콜릿 퐁당으로 윗면을 코팅한다.

● **초콜릿 크림**

1. 우유를 80℃ 정도 데운다.

2. 다른 그릇에 노른자를 풀어준 후 체친 설탕과 박력분을 넣고 섞는다.

3. 2에 1의 뜨거운 우유를 조금씩 넣으면서 섞은 후 불에 올려 놓고 중불로 끓인다.

4. 잘게 부순 초콜릿을 3에 넣고 녹인다.

5. 4를 식힌 후 바닐라향과 럼을 섞는다.

6. 생크림을 85% 정도 오버런해서 섞어준다.

출제품목

버터 쿠키
Butter cookie

버터 풍미의 짜는 쿠키. 글루텐이 형성되지 않도록 가루재료를 섞을 때 주의해야 한다. 버터는 지질이 많은 식품이므로 오래 놓아두면 산화하여 산패를 일으킨다. 더욱이 냉장해 두지 않으면 곰팡이가 피며 녹아서 버터 특유의 재질감이 없어지고 풍미도 나빠진다. 그러므로 -5~0℃에서 직사광선이 닿지 않는 깨끗한 곳에 보관해야 한다. 또, 냄새를 잘 흡수하므로 냄새가 강한 물건 옆에 두지 않도록 한다.

다음 요구사항대로 버터 쿠키를 제조하여 제출하시오.

1. 배합표의 각 재료를 계량하여 재료별로 진열하시오(6분).
2. 반죽온도는 22℃를 표준으로 하시오.
3. 반죽은 크림법으로 수작업하시오.
4. 별모양깍지를 끼운 짤주머니를 사용하여 2가지 모양짜기를 하시오(8자, 장미모양).
5. 반죽은 전량을 사용하여 성형하시오.

배합표

재료	비율(%)	무게(g)
박력분	100	400
버터	70	280
설탕	50	200
소금	1	4
달걀	30	120
바닐라향	0.5	2
계	251.5	1,006

만드는 법

1. 볼에 버터를 넣고 거품기로 부드럽게 만든다.

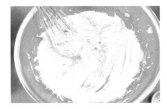

2. 1에 설탕과 소금을 넣어 섞은 다음 달걀을 조금씩 넣으면서 부드러운 크림을 만든다.

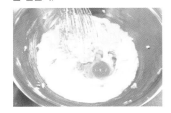

3. 2에 바닐라 향을 넣는다.

4. 체로 친 박력분을 넣고 가볍게 섞는다 (일반 케이크 반죽의 90% 정도만 혼합/ 반죽온도 22℃).

5. 평철판에 짤주머니(별 모양깍지 사용)로 S자 모양으로 짠다(장미 모양 짜기).

6. 윗불 190~200℃, 아랫불 150℃의 오븐에서 10~12분 정도 굽는다.

Point

달걀 투입 시 유지가 분리되지 않도록 달걀은 서서히 투입해야 한다. 철판에 쿠키를 짤 때 일정한 간격과 크기를 유지해야 고른 색깔의 제품을 얻을 수 있다. 낮은 온도에서 쿠키를 구우면 터지기 쉬우므로 높은 온도에서 빨리 구워야 한다.

쇼트 브레드 쿠키
Short bread cookie

다음 요구사항대로 쇼트 브레드 쿠키를 제조하여 제출하시오.

1. 배합표의 각 재료를 계량하여 재료별로 진열하시오(9분).
2. 반죽온도는 20°C를 표준으로 하시오.
3. 반죽은 수작업으로 하여 크림법으로 제조하시오.
4. 제시한 정형기를 사용하여 두께가 0.7~0.8cm, 지름 5~6cm(정형기에 따라 가감) 정도로 정형하시오.
5. 제시한 2개의 팬에 전량 성형하시오(단, 시험장 팬의 크기에 따라 감독위원이 별도로 지정할 수 있다)
6. 달걀 노른자칠을 하여 무늬를 만드시오.
   • 달걀은 총 7개를 사용하며, 달걀 크기에 따라 감독위원이 가감하여 지정할 수 있다.
   ① 배합표 반죽용 4개(달걀 1개+노른자용 달걀 3개)
   ② 달걀 노른자칠용 달걀 3개

배합표

재료	비율(%)	무게(g)
박력분	100	500
마가린	33	165
쇼트닝	33	165
설탕	35	175
소금	1	5
물엿	5	25
달걀	10	50
노른자	10	50
바닐라향	0.5	2.5(2)
계	227.5	1,137.5 (1,137)

만드는 법

1. 마가린과 쇼트닝을 부드럽게 한 후 설탕, 물엿, 소금을 넣고 크림 상태로 만든다.

이 공정은 겨울에 특히 중요한 공정으로 마가린과 쇼트닝의 경도가 같을 경우에는 함께 섞고, 다를 경우는 경도가 높은 것부터 유연하게 만든 후 섞는다.
실내 온도가 낮은 경우 더운 물을 받치고 크림 상태로 만든다.

2. 노른자와 달걀을 조금씩 넣으면서 믹싱해 부드럽게 만든 후 향을 넣어 섞는다.

3. 밀가루를 체로 친 후 2와 혼합해 반죽을 한덩어리로 만든다. 냉장고에서 20~30분간 휴지를 시킨다.

손가락으로 살짝 눌렀을 때 자국이 그대로 남으면 휴지를 끝낸다.

4. 밀어펴기 쉽도록 반죽을 2개로 나눈 후 0.7~0.8cm 정도의 두께로 균일하게 밀어편다.

5. 시험장에서 제시된 정형기를 이용해 반죽을 찍어낸다.

6. 철판에 기름을 칠한 후 상하좌우 간격을 2.5cm씩 맞춰 팬닝한다.

7. 윗면에 노른자를 2회 바르고 요구사항이 있을 경우 포크를 이용해 무늬를 낸다.

8. 윗불 210°C, 아랫불 150°C 오븐에서 15~18분간 황금갈색이 날 때까지 굽는다.

제품평가

1. 일정하게 퍼지고 찌그러진 곳이 없이 대칭을 이뤄야 한다.
2. 껍질에 황금갈색이 나야 한다.
3. 전체적으로 부드러우면서도 파삭파삭한 맛이 있어야 한다.
4. 끈적거림, 탄 냄새, 설익은 맛이 없어야 한다.

 Point 쇼트 브레드 쿠키는 윗면에 황금갈색이 나고 밑면에도 구운색이 들어야 한다. 따라서 위치에 따라 오븐에 온도 차이가 생기면 때맞춰 철판의 위치를 바꿔야 한다.

마카롱 쿠키

Macaron cookie

달걀 흰자, 설탕, 견과류 가루를 섞어 작고 둥글게 짜서 굽는 과자이다. 견과류는 아몬드를 가장 많이 쓰고 이외에도 헤이즐넛, 호두, 코코넛을 이용하기도 한다. 마카롱이 처음 만들어진 곳은 이탈리아로 처음에는 꿀, 아몬드 가루, 흰자를 이용하여 만들었다고 한다. 이것이 메디치가(家)의 카트린(Catherine)이 앙리 2세와 결혼한 후 프랑스로 전해졌다. 특히 낭시지방의 마카롱이 가장 유명하다.

배합표

재료	비율(%)	무게(g)
아몬드 파우더	100	200
슈거 파우더	180	360
흰자	80	160
설탕	20	40
바닐라향	1	2
계	381	762

※ 달걀 흰자는 5℃ 정도로 차게 하여 사용한다. 흰자를 차게 하여 사용하는 이유는 머랭을 조밀하게 만들기 위함이다.

만드는 법

1. 볼에 체 친 아몬드 파우더와 슈거 파우더를 담아둔다.

2. 다른 볼에 흰자를 넣고 거품기를 이용해 40% 상태의 머랭을 만들고 설탕을 넣으면서 80~90% 정도의 머랭을 만든다.

3. 머랭에 바닐라향을 넣는다.

4. 1에 3의 머랭을 넣고 가볍게 섞는다 (80% 정도만 섞인 상태 / 반죽온도 22℃).

5. 철판에 실리콘 페이퍼(또는 롤지)를 깔고 짤주머니를 이용해 직경 3cm가 되도록 짠다.

6. 실온에서 30~40분간 건조시킨다.

7. 윗불 170℃, 아랫불 150℃의 오븐에서 15분간 굽는다. 구운 후 열기가 줄었을 때 뒤집어서 종이 뒷면에 물칠을 해주면 깨끗이 떼어낼 수 있다.

Point

달걀 분리 시 흰자에 노른자가 들어가면 기포가 형성되지 않으므로 주의해야 한다. 반죽 완료 시 적당한 흐름성과 윤기가 있어야 한다. 오븐에서 굽기 중 옆면에 날개가 생기면 불을 줄여 말리듯이 굽는다.

핑거 쿠키
Finger cookie

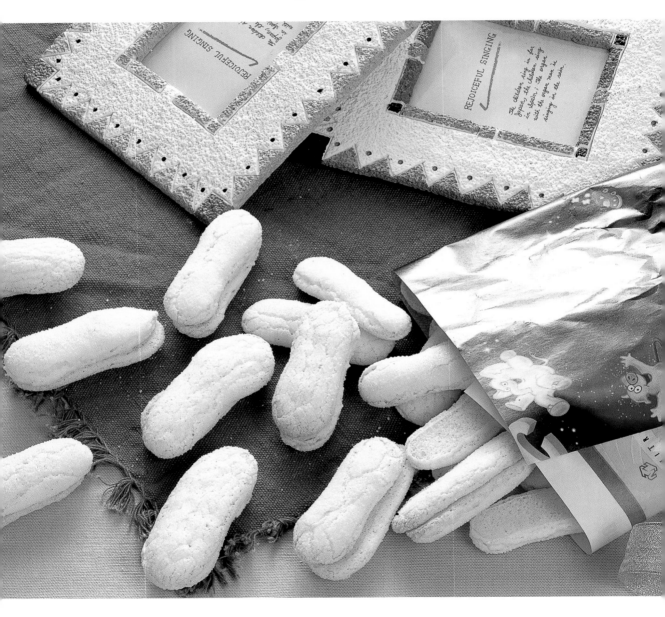

배합표

재료	비율(%)	무게(g)
박력분	100	400
설탕	90	360
달걀	75	300
소금	1	4
탈지분유	2	8
바닐라향	0.5	2
잼	25	100
계	293.5	1,174

만드는 법

1. 달걀을 골고루 푼 후 설탕, 소금을 넣고 세게 믹싱한 후 향을 섞는다.

2. 박력분, 탈지분유를 체로 친 후 1에 넣고 가볍게 혼합한다(반죽온도 23℃).

3. 5분간 실온에서 휴지를 시킨다.

4. 짤주머니에 지름 0.6cm의 둥근 깍지를 끼우고 반죽을 채운다.

5. 평철판에 위생지를 깔고 상하좌우 간격을 2.5cm씩 띄우고 5cm 정도 길이로 반죽을 짜준다.

6. 마르기 전에 설탕을 뿌려준다.

반죽이 마르면 설탕이 잘 묻지 않으므로 주의한다.

7. 반죽을 건조실에 넣어 표면을 살짝 건조시킨 다음 칼로 길게 그어 표피를 터뜨린다.

8. 190~200℃ 오븐에서 10~15분간 굽는다.

9. 평철판에 깐 위생지 뒷면에 물칠을 한 후 위생지를 떼고 크기가 같은 것끼리 골라 크림, 가나슈, 잼 중 감독위원의 지시에 따라 바르고 서로 붙인다.

제품평가

1. 구운색이 연하고 터짐이 일정해야 한다.

2. 샌드한 크림이나 잼의 양이 일정해야 한다.

3. 씹는 맛이 부드럽고 껍질이 바삭거리며 끈적거리거나 탄 냄새, 생재료 맛이 나서는 안 된다.

반죽을 짠 후 퍼지지 않도록 재빨리 건조실에 넣는다. 또 잼을 샌드하고 크기가 같은 쿠기를 붙여야 균형이 잡힌다.

모자이크 쿠키
Mosaic cookie

배합표

(A)바닐라반죽

재료	비율(%)	무게(g)
박력분	100	400
마가린	60	240
노른자	10	40
분당	45	180
소금	1	4
베이킹파우더	0.5	2

(B)코코아반죽

재료	비율(%)	무게(g)
박력분	100	400
코코아	6	24
마가린	60	240
노른자	10	40
분당	45	180
소금	1	4
베이킹파우더	0.5	2

만드는 법

● (A)바닐라반죽

1. 마가린을 유연하게 한 후 분당, 소금을 넣고 섞는다.

2. 노른자를 3~4회 나누어 넣으면서 크림 상태로 만든다.

3. 박력분과 베이킹파우더를 체로 친 후 2와 가볍게 섞고 한덩어리로 만든다.

4. 20~30분간 냉장휴지를 시킨다.

● (B)코코아반죽

A와 모든 과정이 동일하고 단 박력분, 베이킹파우더, 코코아 가루를 함께 섞는다.

● 원통형

1. A, B 반죽을 각각 100g씩 분할해 원통형으로 만든다.

2. A반죽과 B반죽을 각각 가로로 자른다.

3. 자른 반죽에 흰자를 발라 붙인 후 다시 반으로 잘라 흰자를 바르고 색깔이 어긋나게 붙인다.

4. 반죽을 유산지에 말아 냉동고에서 굳힌 후 두께 5mm 정도로 자른다.

5. 185~190℃ 오븐에서 15~18분간 굽는다.

● 사각형

1. A, B반죽을 사각형으로 만든 후 원통형과 같은 방법으로 붙인다.

오렌지 쿠키
Orange cookie

배합표

재료	비율(%)	무게(g)
박력분	100	400
버터	35	140
쇼트닝	20	80
설탕	35	140
분설탕	15	60
소금	1	4
달걀	40	160
탈지분유	3	12
오렌지향료	0.5	2

Point

쿠키의 물결무늬가 선명한 결을 나타내기 위해서는 반죽을 짠 후 조금 말린 뒤에 굽기를 한다. 또 낮은 온도에서 구우면 쿠키가 퍼지기 때문에 높은 온도에서 빨리 구워야 한다.

만드는 법

1. 버터와 쇼트닝을 한데 넣고 부드럽게 한다.

2. 1에 설탕, 분설탕, 소금을 넣고 크림 상태로 만든다.

3. 달걀을 1개씩 넣으면서 부드러운 크림으로 만든다.

4. 오렌지향을 넣고 섞는다.

5. 박력분과 탈지분유를 체로 친 후 4에 넣고 나무주걱으로 가볍게 섞는다(반죽온도 22℃).
   너무 많이 섞으면 반죽에 끈기가 생겨 제품이 단단해진다.

6. 5～6개의 뾰족한 날이 있는 별모양깍지를 짤주머니에 끼우고 반죽을 채운다.

7. 평철판에 기름을 칠하고 반죽을 짠다. 이때 높이는 1cm 미만으로 하고, 반죽과 반죽의 상하좌우 간격은 2.5cm가 되도록 한다.

8. 210～220℃ 오븐에서 황금 갈색이 날 때까지 15～18분간 굽는다.

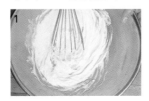

아몬드 튀일
Almond tuile

배합표

재료	비율(%)	무게(g)
박력분	100	150
슬라이스아몬드	260	390
설탕	200	300
흰자	200	300
버터	266	399

만드는 법

1. 박력분과 설탕을 체로 친 후 슬라이스 아몬드와 섞는다.

2. 흰자를 1에 넣으면서 거품이 나지 않게 섞어준다.

3. 버터를 용해시켜 2와 섞어준 후 20~30 분간 실온에서 휴지를 시킨다.

4. 숟가락으로 20g 정도씩 반죽을 떠서 버 터를 얇게 바른 철판에 놓고 포크를 이 용해 길이 10cm 정도로 얇게 펴준다.

5. 170~180℃ 오븐에서 10~12분간 굽 는다.

6. 구운색이 진한 쪽이 위로 가게 해서 튀 일 틀이나 기와모양의 틀에 올려 놓고 모양을 잡아주면서 식힌다.

무스 오 쇼콜라
Mousse au chocolat

만드는 법

제누아즈 쇼콜라

재료	무게(g)
달걀	16개
설탕	500
박력분	300
콘스타치	100
코코아	80
무염버터	100

1. 달걀, 설탕을 중탕시켜 중속으로 충분히 믹싱한다.
2. 체 친 박력분을 넣어 섞고 녹인 버터를 가볍게 섞어준다.
3. 210~220℃ 오븐에서 20~25분간 굽는다.

이탈리안 머랭

재료	무게(g)
흰자	8개
설탕	100
물	100
설탕	300

1. 설탕 300g에 물을 넣어 120℃까지 끓여 시럽을 만든다.
2. 흰자에 설탕을 넣고 믹싱한 뒤 1을 조금씩 넣어 가며 식을 때까지 휘핑한다.

무스 오 쇼콜라

재료	무게(g)
무염버터	500
초콜릿	250
노른자	8개

1. 중탕에 녹인 초콜릿에 버터를 넣어 녹인다.
2. 1에 노른자를 섞은 다음 이탈리안 머랭을 섞는다.

시럽

재료	무게(g)
시럽	1,000
코코아	100
럼주	100

글라사주 쇼콜라

재료	무게(g)
초콜릿	1500
생크림	1550
물엿	200
샐러드오일	

마무리

1. 제누아즈를 1㎝ 두께로 3장 슬라이스한 다음 시럽을 바른다.
2. 제누아즈 사이에 무스를 2단 채우고 냉장고에서 굳힌다.

3. 글라사주 쇼콜라로 마무리한다.

초콜릿 장식

페이트용 롤러 브러쉬를 이용하면 간편하면서도 빠르게 작업 할 수 있다. 철판에 템퍼링한 초콜릿을 얇게 펴 바른 다음 프티 나이프로 긁으면 섬세하게 주름잡힌 초콜릿 장식이 완성된다. 초콜릿의 두께, 굳기 정도의 조절이 중요하다.

캐러멜 커스터드 푸딩
Caramel custard pudding

배합표

커스터드푸딩

재료	비율(%)	무게(g)
우유	100	500
설탕	25	125
달걀	55	275
바닐라오일	0.2	1
브랜디	6	30

캐러멜소스

재료	비율(%)	무게(g)
설탕	100	200
물A	30	60
물B	25	50

제품평가

1. 균형이 잡혀 있고 캐러멜 색소가 흘러내리지 않아 위, 아래, 옆면이 깨끗해야 한다.
2. 맛은 연하고 부드러우며 달걀 냄새가 나면 안 된다.

만드는 법

1. 동그릇에 우유와 설탕 1/2을 넣고 끓기 직전까지 데운다.

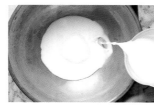

2. 다른 그릇에 달걀, 소금을 넣고 풀어준 뒤 나머지 설탕을 첨가하고 거품이 일지 않게 혼합한다.

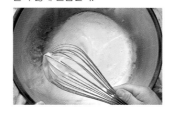

3. 2에 1을 조금씩 넣으면서 혼합한 후 바닐라오일과 술을 넣는다.

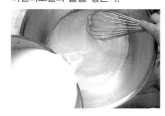

4. 고운 체에 거른다.

5. 푸딩 틀에 캐러멜 소스를 0.2cm 정도 깔고 냉각시킨다.

6. 커스터드 푸딩을 틀에 95% 정도 채운다.

7. 160~170℃ 오븐에서 중탕으로 30~35분간 굽는다.

8. 푸딩 틀을 식힌 뒤 푸딩과 틀 사이에 칼 끝을 집어넣어 가르고 접시에 뒤집어 놓는다.

● 캐러멜 소스

1. 설탕과 물A를 한데 넣고 진한 갈색이 될 때까지 나무주걱으로 저으면서 가열한다.

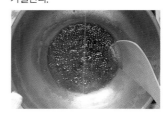

2. 물B를 1에 넣어 되기를 조절한다.
   캐러멜소스를 찬물에 떨어뜨렸을 때 굳어 버리면 약간의 물을 더 첨가하고, 캐러멜이 물에서 퍼지면 다시 불에 올려 졸인다.

딸기무스
Strawberry Mousse

배합표

무스

재료	비율(%)	무게(g)
분말젤라틴	6	18
찬물	15	45
딸기퓌레	80	240
양주	10	30
생크림	100	300
설탕A	20	60
흰자	25	75
설탕B	50	150

제누아즈

재료	비율(%)	무게(g)
박력분	100	110
달걀	210	231
설탕	118	130
버터	64	70

글레이즈

딸기퓌레, 젤라틴

만드는 법

1. 분말젤라틴을 30분 정도 찬물에 담가둔다.

2. 딸기퓌레와 양주를 섞은 후 설탕A를 넣고 섞는다.

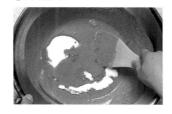

3. 젤라틴을 중탕으로 녹인 다음 2에 넣고 섞는다.

4. 생크림을 60% 정도 오버런해서 섞어준다.

5. 흰자를 60%까지 믹싱한 후 설탕B를 조금씩 넣으면서 90% 정도의 머랭을 만들어 4에 넣고 섞는다.

6. 세르클 틀(3호)에 무스 테이프를 두르고 그 위에 반씩 자른 딸기를 빙 둘러가며 붙인다.

7. 제누아즈를 두께 1.5cm로 잘라 바닥에 깔고 시럽을 바른 뒤 무스를 1/2 정도 채운다.

8. 그 위에 다시 두께 1.5cm 정도의 제누아즈를 얹고 시럽을 바른 뒤 무스를 채우고 냉장고에서 굳힌 후 세르클 틀을 뺀다.

9. 윗면에 글레이즈를 바르고 딸기를 얹는다.

● 제누아즈(공립법)

1. 달걀을 풀어준 뒤 설탕을 넣고 중탕으로 35~40℃ 정도로 데운 후 휘핑한다.

2. 박력분을 체친 후 1에 넣고 가볍게 섞는다.

3. 버터를 녹여 2에 넣고 섞는다.

4. 3호 원형 틀에 반죽을 붓고 180~200℃ 오븐에서 20~25분간 굽는다.

● 글레이즈

딸기퓌레에 중탕으로 용해시킨 젤라틴을 적당량 섞는다.

오렌지 바바루아
Orange bavarois

배합표

오렌지바바루아

재료	비율(%)	무게(g)
우유	100	1,000
오렌지껍질		5개
설탕	30	300
노른자	32	320
분말젤라틴	3.5	35
생크림	80	800
찬물	17	170

비스퀴

재료	비율(%)	무게(g)
아몬드가루	500	500
중력분	100	100
코코아	40	40
노른자	140	140
달걀	250	250
설탕A	300	300
오렌지리큐르	70	70
오렌지껍질 (강판에 간 것)		1/2개
흰자	550	550
설탕B	200	200
유화제	20	20

만드는 법

1. 찬물에 분말젤라틴을 30분 정도 담가둔다.
2. 우유에 오렌지껍질을 넣고 80～90℃까지 뜨겁게 데운다.
3. 노른자를 골고루 풀어주고 설탕을 넣고 섞은 후 2를 조금씩 넣으면서 섞은 후 체에 거른다.

4. 젤라틴을 중탕으로 녹여 3에 넣고 섞는다.

5. 생크림을 80% 정도 오버런해 4에 넣고 천천히 섞어준다.

6. 세르클 틀(3호)에 테이프를 두르고 그 위에 얇게 자른 오렌지를 붙이고 슬라이스한 비스퀴를 한 장 깐 뒤 오렌지바바루아를 1/2 정도 붓는다.

7. 다시 비스퀴를 깔고 틀 높이만큼 오렌지바바루아를 붓고 냉장고에서 굳힌 후 틀을 뺀다.
8. 나파주를 바르고 과일로 장식한다.

● 비스퀴

1. 아몬드가루, 중력분, 코코아를 체친 후 노른자, 달걀, 설탕A, 유화제를 넣고 휘핑한다.
2. 오렌지리큐르와 강판에 간 오렌지껍질을 1에 넣고 섞는다.
3. 흰자를 60%까지 휘핑한 후 설탕B를 조금씩 넣으면서 머랭을 만든다.
4. 2에 머랭을 2～3번에 나누어 넣고 섞는다.
5. 원형 틀에 위생지를 깔고 60% 정도 반죽을 채운다.
6. 195～200℃ 오븐에서 25분 정도 굽는다.

〈단면도〉

과일장식
나파주
오렌지바바루아
비스퀴
오렌지바바루아
비스퀴

퍼프 페이스트리
Puff pastry

페이스트리에 사용할 유지는 쉽게 녹거나 얼지 않도록 가소성이 높아야 한다. 또 밀어펴기할 때 유지가 너무 단단하면 깨질 염려가 있고 녹아 있으면 양끝으로 밀려서 반죽이 터질 염려가 있다. 즉 유지의 단단함과 반죽의 단단함이 일치해야 결이 좋은 제품을 만들 수 있다.

배합표

재료	비율(%)	무게(g)
강력분	100	800
달걀	15	120
마가린	10	80
소금	1	8
찬물	50	400
충전용 마가린	90	720
계	266	2,128

만드는 법

1. 강력분, 소금, 달걀, 찬물을 한데 넣고 믹싱한다.

2. 클린업단계에서 마가린을 넣고 최종단계까지 믹싱한다.
   반죽온도 20℃, 온도가 높아지지 않도록 찬물로 반죽한다.

3. 거죽이 마르지 않도록 비닐이나 헝겊에 싸서 냉장고에 넣고 30분간 휴지를 시킨다.

4. 충전용 마가린의 크기에 맞게 반죽을 상하좌우로 민다.
   두께가 일정하고 모서리가 직각인 정사각형으로 밀어편다.

5. 유지를 올려 놓고 반죽으로 싸고 이음매를 꼭 여며준다.

6. 두께가 고르고 모서리가 직각인 직사각형으로 밀어편다.

7. 덧가루를 털어내고 3절접기를 3~4회 한다.

접기를 할 때 덧가루를 털어내지 않으면 제품의 결이 나빠지고 딱딱해진다.
매접기가 끝나면 비닐에 싸서 20~30분간 냉장휴지를 시킨다.

8. 두께 0.8~1cm로 반죽을 밀어편 후, 가로 4.5cm, 세로 12cm의 직사각형으로 자른다.

9. 양끝을 잡고 2번 비튼다.

10. 윗불 170~180℃, 아랫불 170℃ 오븐에서 25~30분간 굽는다.
    20~30분간 휴지시킨 후 굽는다.

제품평가

1. 결이 선명하고 어느 한쪽이 주저앉지 않고 전체적으로 고루 부풀어야 한다.

2. 껍질은 밝은 노란 빛을 띠고 벌어진 층이 일정해야 한다.

3. 속결의 간격이 고르고 말끔해야 한다.

4. 텁텁하거나 느끼한 맛이 없고 바삭거려야 한다.

사과 파이
Apple pie

사과파이를 만들 때는 유지가 들어가면 반죽이 질어지기 쉽기 때문에 작업하기에 적당한 되기를 만드는 것이
필요하다. 이때 흔히 쓰이는 방법이 냉장실에 보관해 적당히 굳힌 유지를 사용하는 것과 반죽을 만든 후 냉
장고에서 휴지단계를 거치는 것이다. 또 반죽할 때는 가볍게 섞어주는 정도로만 해야 글루텐이 형성되지 않아
바삭한 파이껍질을 만들 수 있다.

배합표

껍질

재료	비율(%)	무게(g)
중력분	100	400
설탕	3	12
소금	1.5	6
쇼트닝	55	220
탈지분유	2	8
냉수	35	140
계	196.5	786

충전물

재료	비율(%)	무게(g)
사과	100	700
설탕	18	126
소금	0.5	3.5(4)
계피가루	1	7(8)
옥수수전분	8	56
물	50	350
버터	2	14
계	179.5	1,256.5 (1,258)

제품평가

1. 충전물의 양이 알맞아야 하고 윗면이 주저앉거나 솟지 않아야 한다.
2. 전체적으로 대칭을 이루고 위, 아래 껍질의 이음매가 터지지 않아야 한다.
3. 껍질에는 노란 빛의 구운색이 들고 충전물이 끓어 넘쳐 껍질이 눅눅하면 안 된다.

만드는 법

1. 찬물에 소금과 설탕을 녹인다.
2. 대리석 위에서 밀가루, 분유를 체로 친 후 쇼트닝을 넣고 쇼트닝 입자가 콩알 만한 크기가 될 때까지 자른다.

3. 가운데를 우물처럼 움푹하게 만든 후 1의 찬물을 붓고 모든 재료를 균일하게 혼합해 한 덩어리로 만든다.

4. 반죽이 마르지 않게 비닐로 싸서 냉장고에서 20~30분간 휴지시킨다.
5. 반죽을 바닥용은 0.3cm, 덮개는 0.2cm 두께로 밀어편다.
6. 밀어 편 바닥용 반죽을 파이용 틀에 맞게 재단해 깔고 냉각된 충전물을 얹고 다듬는다.

7. 덮개용 반죽을 폭 1cm로 잘라 노른자물을 칠하면서 격자 모양으로 얹은 후 가장자리에 물칠을 해서 붙인다.

8. 윗면 전체에 노른자를 칠하고 윗불 200℃, 아랫불 240~270℃ 오븐에서 20~25분간 굽는다.

● 충전물

1. 사과 껍질을 벗겨 씨를 제거하고 알맞은 크기로 자른 후 설탕물에 담가 둔다.
2. 버터를 제외한 나머지 충전물 재료를 섞어 되직해질 때까지 끓인다.

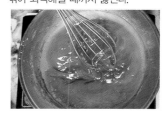

3. 버터를 넣고 혼합한 후 사과를 넣어 버무리고 식힌다.
   껍질을 제거한 사과는 갈변되기 때문에 소스를 빨리 끓여 혼합한다.

타르트
Tarte

다음 요구사항대로 타르트를 제조하여 제출하시오.

1. 배합표의 반죽용 재료를 계량하여 재료별로 진열하시오. (5분). (토핑 등의 재료는 휴지시간을 활용하고 충전용 재료는 계량시간에서 제외).)
2. 반죽은 크림법으로 제조하시오.
3. 반죽온도는 20℃를 표준으로 하시오.
4. 반죽은 냉장고에서 20~30분 정도 휴지를 주시오.
5. 반죽은 두께 3mm 정도로 밀어 펴서 팬에 맞게 성형하시오.
6. 아몬드크림을 제조해서 팬(Ø10~12cm) 용적의 60~70% 정도 충전하시오.
7. 아몬드슬라이스를 윗면에 고르게 장식하시오.
8. 8개를 성형하시오.
9. 광택제로 제품을 완성하시오.

배합표

반죽

재료	비율(%)	무게(g)
박력분	100	400
달걀	25	100
설탕	26	104
버터	40	160
소금	0.5	2
계	191.5	766

충전물(아몬드크림)

재료	비율(%)	무게(g)
아몬드분말	100	250
설탕	90	226
버터	100	250
달걀	65	162
브랜디	12	30
계	367	918

광택제 및 토핑

재료	비율(%)	무게(g)
살구잼	100	150
물	40	60
계	140	210
아몬드슬라이스	66.6	100

만드는 법

1. 버터를 부드럽게 풀고 설탕, 소금을 넣고 섞는다.
2. 달걀을 조금씩 넣어가며 섞는다.
3. 체 친 박력분을 넣고 반죽을 한 덩어리로 뭉쳐 냉장고에서 20~30분 동안 휴지한다.
4. 반죽을 3mm 두께로 밀어 펴서 팬에 맞게 재단하여 깐다.

5. 충전물(아몬드크림)을 짤주머니에 넣어 팬의 60~70% 정도 충전한 다음 아몬드 슬라이스를 골고루 뿌린다.

6. 윗불 190℃, 아랫불 180℃ 오븐에서 25~30분 동안 굽는다.
7. 살구잼과 물을 끓인 다음 타르트 윗면에 발라 제품을 완성한다.

● **충전물 (아몬드크림)**

1. 버터를 부드럽게 풀고 설탕을 넣어 크림 상태로 만든다.
2. 달걀을 풀어 조금씩 넣으면서 부드러운 크림을 만들고 체 친 아몬드분말을 넣어 섞은 다음 브랜디를 넣어 크림을 완성한다.

피칸 파이
Pecannut pie

배합표

재료	비율(%)	무게(g)
박력분	100	400
충전용마가린	40	160
노른자	8	32
우유	27	108
소금	0.7	2.8

충전물

재료	비율(%)	무게(g)
설탕	100	300
물엿	100	300
달걀	217	651
물	25	75
계피가루	1.4	4.2
호두	50	150

5. 호두를 팬에 골고루 깔아 주고 충전물을 70~80% 정도 채운다.

6. 180℃ 오븐에서 50분간 굽는다.

● 충전물

1. 호두는 살짝 볶는다.

2. 설탕, 물엿, 달걀을 한데 넣고 중탕으로 풀어준 후 계피가루를 섞어준다.

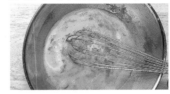

3. 2를 체에 거른 후 시험지로 위에 뜬 거품을 제거한다.

만드는 법

1. 박력분과 충전용 마가린을 대리석 위에 올려 놓고 스크레이퍼로 콩알만하게 다진다.

2. 1의 중앙에 우물을 만들고 우유, 노른자, 소금을 넣고 스크레이퍼로 혼합한다.
손으로 반죽을 할 경우 유지가 녹기 때문에 스크레이퍼를 이용한다.

3. 비닐에 싸서 30분간 냉장휴지를 시킨다.

4. 두께 0.3cm 정도로 밀어펴서 피칸파이 틀에 깐다.

만드는 법

● 화이트 가나슈

재료	비율(%)
생크림	400
화이트초콜릿	750
버터	100
그랑 마르니에(리큐르)	50

1. 화이트 초콜릿을 잘게 썰어 용기에 담는다.

2. 생크림과 버터를 냄비에 함께 넣고 완전히 끓인다.

3. 잘게 부숴 놓은 화이트 초콜릿에 2를 붓는다.

4. 골고루 저어 초콜릿이 잘 녹도록 한다.

5. 3이 충분히 식은 후 그랑 마르니에를 넣는다.

● 몰딩

1. 우선 초콜릿(커버추어)을 32~34℃ 이상으로 녹인다.

2. 템퍼링을 한다.

  ① 녹인 초콜릿을 27~28℃ 이하로 냉각시키기 위해 녹인 초콜릿의 2/3가량을 대리석 위에 붓고 스패튤라로 펼쳤다 모으는 과정을 여러 번 반복하여 온도를 내린다.

  ② 이것을 1/3 남은 초콜릿에 넣어 다시 조용히 전체를 혼합하여 균일한 온도로 만든다.

  ③ 이것을 살짝 데워 융점 온도 부근에 적합한 온도 29℃~30℃로 맞춘다.

3. 준비한 몰드에 템퍼링한 초콜릿을 채운다.

4. 몰드를 뒤집어 속을 비운다.

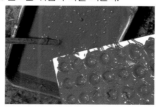

5. 몰드 위 여분의 초콜릿은 깨끗이 긁어낸다.

6. 초콜릿이 굳으면 화이트 가나슈를 몰딩틀의 2/3~3/4 정도까지 붓고 굳힌다.

7. 가나슈가 굳으면 그 위에 초콜릿을 덮어준다.

8. 초콜릿이 굳으면 뒤집어 틀어서 빼낸다.

그레이프 프루츠 젤리
Grape fruit jelly

배합표

재료	무게(g)
그레이프 프루츠 과즙	600cc
설탕	150
젤라틴	24
쿠앵트로	20cc
그레이프 프루츠 과육	2개
장식용 그레이프 프루츠	1개
체리	10개

만드는 법

1. 그레이프 프루츠 과즙을 체로 걸러 냄비에 넣고 불에 올려 설탕을 넣은 상태에서 70℃까지 데운다.

2. 불에서 내려 미리 불에 불려둔 젤라틴을 넣고 저으면서 녹인후 체에 걸러 볼에 넣고 얼음물에 담가 20℃까지 식힌다.

3. 식으면 쿠앵트로를 넣고 얼음물에 담가 조금 더 온도를 낮춰 굳기 직전까지 차갑게 식힌다.

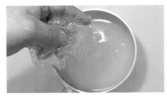

4. 식힌 것을 브리오슈 틀에 부어 넣고 다시 얼음물에 담가 굳힌다.

5. 살짝 굳으면 액을 따라내어 틀에 막을 형성한다.

6. 막 위에 얇게 자른 그레이프 프루츠를 바람개비 모양으로 세워서 나열한다.

7. 따라두었던 젤리액이 걸쭉해지면 과육이 흐트러지거나 액 위에 떠오르지 않도록 조심하면서 조금씩 액을 틀에 부어 넣는다.

8. 틀에 젤리액을 다 부은 후 냉장고에 반나절 정도 굳힌다.

9. 완전히 굳으면 모양이 망가지지 않도록 틀을 벗겨내고 접시 등에 뒤집어놓은 다음 그레이프 프루츠를 얇게 잘라 장식하고 체리를 얹어 마무리한다.

케이크데커레이션편
Cake Decoration

모양깍지류 ● 꽃짜기 ● 꽃 만들기 ● 아트 파이핑 ● 마지팬 공예 ● 슈조형물 ● 선긋기

케이크데커레이션이 제과기능장 실시시험에 도입된 것은 1996년도부터이다. 이에 따라 기능장시험에 응시하려는 기술인은 실기시험에 대비해 한국산업인력관리공단이 공개한 실기품목 전체(본서목록참조)에 대한 배합표 작성능력에서부터 생산관리, 케이크데커레이션에 관련된 각종 기능에 이르기까지 종합적인 준비가 필요하게 되었다.

예를 들어 브리오슈와 데커레이션 케이크가 출제된 경우에는 (1) 브리오슈와 버터스펀지의 배합표 작성 (2) 브리오슈의 제조 원가 (3) 생산 부서의 인원 배정 (4) 팬의 용적과 분할량 등이 주관식 문제로 나왔다. 특별히 유의할 사항은 반드시 "답이 나오는 과정"을 근거로서 제시해야 득점으로 연결된다는 것이다.
바게트와 초콜릿 생크림 케이크가 출제된 경우에는 (1) 밀가루 수분 함량이 가지는 경제성과 회분과의 관계 (2) 바게트와 슈의 굽기 등에 대한 지식을 요구하기도 하였다.

제과기능장이 현장의 책임자, 관리자로서 역할을 다하기 위한 지식으로 (1) 배합표 작성과 운용 (2) 생산성 향상과 생산계획 수립 (3) 원가계산 (4) 제품구성 (5) 재료의 특성과 활용 (6) 인원 관리 (7) 제조 이론 등에 중점을 둘 필요가 있다.
특히 새롭게 변화되는 공정과 새로운 재료의 출현에 대하여도 관심을 가지고 연구하는 자세가 바람직하다.
실기와 관련된 제조이론과 현장실무에 대한 배점 비율은 20% 내외에 달한다.

제빵 품목으로 자주 출제되는 것은 불란서빵, 브리오슈, 데니시 페이스트리, 하드 롤, 모카빵이며, 제과 품목으로는 레이어 케이크, 데블스 푸드, 퍼프 페이스트리, 스펀지 케이크(공립법과 별립법), 슈크림 등이다. 주로 원판 중심이었으나 1996년부터는 제과에 데커레이션 기능을 추가하였다.
데커레이션 기능은 (1) 원판 제조 (2) 버터크림 제조와 아이싱 (3) 초콜릿과 가나슈 제조 및 아이싱 (4) 마지팬 공예 (5) 꽃 짜기와 동물 만들기 (6) 글씨 쓰기 (7) 슈 장식물 만들기 (8) 전체적인 조화 등의 심사기준이 있으며 종합적인 기능평가를 도모하고 있다.
제과기능장의 실기 문제는 참신성을 주기 위해 중복해서 출제하지 않으려 하기 때문에 이미 출제된 제품과는 다른 제품이 나올 것으로 예상되므로 빵의 경우는 기출(旣出) 외의 빵 제품에 대하여도 준비할 필요가 있다.
데커레이션 제품도 새로운 문제가 출제될 것으로 보인다. 하지만 버터크림이나 생크림, 초콜릿과 응용제품, 마지팬과 머랭 등 가장 보편적인 D/C 재료를 만들어서 이들을 사용하여 아이싱, 글씨 쓰기, 모양 그리기, 꽃 짜기와 만들기, 조형물 만들기 등 데커레이션에 동원되는 여러 가지 기능을 측정한다는 골격은 당분간 계속될 것으로 보인다. 케이크데커레이션에 대한 배점비율은 45% 이상으로 기능장 실기시험 평가항목 중 가장 높은 비중을 차지하고 있다.

1. 크림류

(1) 버터크림

버터크림은 케이크 표면을 아이싱하거나 장식할 때 주로 사용하는 크림이다. 각종 부재료를 첨가하여 맛과 향을 변화시킬 수 있어 그 종류도 다양하다. 우리나라에서는 버터크림에 설탕을 넣어 휘핑하는 방법을 처음 사용하다가 차츰 설탕 시럽을 섞고 있는 추세이다. 그리고 제조 방법의 개선으로 달걀을 첨가한 버터크림도 많이 사용되고 있다.

1) 전란 버터크림

● 기본배합

전란 250g, 설탕 140g, 무염버터 500g, 바닐라 에센스 1/2tsp, 럼주 50cc

● 만드는 법

① 전란을 풀고 설탕을 넣는다.

② ①을 중탕으로 40℃에서 스푼으로 자국을 내어 무늬가 남을 때까지 휘핑한다.

③ 버터를 부드럽게 풀어 ②에 서너 번 나누어 넣고 섞는다.

④ 달걀과 버터가 완전히 섞이면 처음 부피의 2~3배까지 휘핑한다. 마지막으로 바닐라 에센스와 럼주를 섞으면 완성.

＊전란 버터크림은 겨울철에 사용한다.

2) 이탈리안 머랭 버터크림

● 기본배합

흰자 320g, 설탕 160g, 물 50cc, 무염버터 600g, 바닐라 에센스 1/2tsp, 럼주 50cc

● 만드는 법

① 설탕과 물을 더해 115~118℃에서 끓인다.

② 흰자를 휘핑하면서 ①의 설탕 시럽을 조금씩 넣는다. 이때 시럽이 뜨거우므로 흰자를 식히면서 휘핑하여야 한다.

③ 따로 버터를 풀어 부드러운 포마드 상태로 만든다.

④ ②에 ③을 5~6차례 나누어 넣고 섞는다.

⑤ 머랭과 버터가 완전히 섞이면 처음 부피의 2~3배만큼 거품 낸다. 마지막으로 바닐라와 럼주를 넣으면 완성.

(2) 생크림

1) 기본 생크림

유지방함량 18% 이상의 크림을 생크림으로 분류하나 제과점에서 주로 사용하는 생크림은 유지방함량 35~45% 이상의 진한 생크림을 휘핑하여 사용한다. 휘핑온도는 4~6℃ 정도가 가장 적당하고 겨울철에는 10℃ 정도에서 작업해도 무방하다.

생크림의 보관이나 작업시 제품온도는 3~7℃가 좋고 작업장을 20~23℃가 적당하다. 완성된 제품은 13℃ 이하에서 냉장 보관해야 한다. 또, 휘핑시간이 적정시간보다 짧으면 기포가 너무 크게 되어 안정성이 약해지고, 너무 길면 부피가 줄고 버터런과 버터밀크로 분리되어 버리므로 80~90% 정도 휘핑하여 사용하는 것이 좋다.

2) 딸기 생크림

딸기 생크림의 딸기는 생딸기를 사용하거나 가공처리된 딸기 시럽을 사용하는 방법이 있다.

시럽형태로 사용할 때에는 처음부터 생크림에 더해 거품내면 된다. 한편 생딸기를 쓸 때에는 생크림을 90% 이상 거품낸 다음에 딸기 과즙을 넣어야 한다.

┌───┐
│ * 생크림과 과일의 궁합   │
│ 생과일즙은 강한 산성을 띠기 때문에 생크림의 거품체를 힘없이 처지게 만든다. 그래서 생과일을 더하기 전에 미리 휘 │
│ 핑해야 한다. 반면 통조림 과일은 이미 산도가 처리되어 있으므로 처음부터 생크림에 넣고 휘핑하여도 상관없다. 단 │
│ 그 과일에 신맛이 적으므로 나중에 레몬즙을 섞으면 좋다.   │
└───┘

3) 커피 생크림

커피도 생과일과 마찬가지로 산성이 강하다. 따라서 럼, 위스키, 브랜디 등을 혼합하여 90% 이상의 거품이 일어난 생크림에 섞어야 한다.

4) 견과 페이스트 첨가 생크림

견과 페이스트 하면 프랄리네, 피넛 버터, 밤 페이스트 등을 들 수 있다. 이들 자체에 이미 많은 유지방이 함유되어 있어서 이것을 처음부터 생크림에 넣고 휘핑해야 한다. 이 크림은 버터크림처럼 굳으므로 그 순간을 잘 포착하여 사용한다.

---

* 버터크림과 생크림의 근본적 차이
버터크림 = 유중수적형(지방이 수분을 감싸고 있는 형태)
생크림 = 수중유적형(수분이 지방을 감싸고 있는 형태)

---

(3) 가나슈 크림(Ganache)

끓인 생크림에 초콜릿을 더한 크림. 초콜릿은 버터 성분이 많은 커버추어 초콜릿을 사용하면 만들기 쉽다.

● **기본배합**
다크 초콜릿 500g, 생크림 500g

● **만드는 법**
① 생크림을 두꺼운 냄비에 넣고 거품이 나도록 팔팔 끓인다.
② ①을 불에서 내리고 다크 초콜릿을 잘게 쪼개 넣은 뒤 4~5분간 그대로 둔다.
③ 초콜릿이 녹녹해지면 거품기로 휘저어 섞는다.
④ 완전히 식혀서 사용한다.

· 초콜릿을 뜨거운 생크림에 넣고 바로 섞으면 초콜릿이 녹아 크림의 온도가 떨어지므로 다시 가열해 녹여 써야 하는 경우가 생긴다. 따라서 반드시 4~5분간 그대로 둔 다음에 섞도록 한다.
· 생크림은 신선해야 함을 원칙으로 하되, 한번 휘핑한 생크림이나 아이싱하고 남은 크림을 냉동실에 보관하였다가 끓여서 가나슈 크림을 만들 때 쓴다.
· 초콜릿과 생크림의 배합 비율은 1:1이 원칙. 단 초콜릿 과자에 충전 크림으로 사용할 때에는 1:1, 2:1, 3:1 등 초콜릿의 양을 늘릴 수 있다.
· 초콜릿의 종류는 다크(스위트, 바닐라) 초콜릿, 밀크 초콜릿, 화이트 초콜릿 3가지이다. 이들 각각은 카카오 성분이 다르기 때문에 가나슈를 만드는 비율이 달라진다.
　　다크 초콜릿 : 생크림 = 1 : 1
　　밀크 초콜릿 : 생크림 = 2 : 1
　　화이트 초콜릿 : 생크림 = 3 : 1
단, 화이트 초콜릿은 프레시 버터나 카카오 버터를 첨가하면 더욱 좋다.

2. 머랭류

주로 흰자를 이용하여 설탕과 함께 거품을 내어 만드는 반죽이 머랭이다. 머랭을 만드는 방법에는 대략 4가지가 있는데, 일반적으로 사용되는 머랭과 이탈리안 머랭, 불에 가열하는 머랭, 스위스 머랭 등으로 구분된다. 물론 이 머랭 반죽의 기본 배합은 제법에 관계없이 설탕과 흰자의 비율이 2:1이다.

1) 보통의 머랭

보통의 머랭은 설탕 500g에 대해 흰자 250(大란 약 6개분)g의 비율을 가진다. 상온에서 흰자를 휘핑하면서 설탕, 또는 바닐라 슈거를 소량씩 투입하면서 만든다. 철판에 버터를 붓으로 칠하고 밀가루를 뿌린 뒤 짤주머니를 이용해 적당한 크기로 짜서 약 100℃ 오븐에서 구워준다(건조). 샌드할 내용물로는 주로 생크림이나 가나슈를 힘있게 휘핑한 것을 사용한다. 이 머랭은 주로 건과에 사용되며, 냉제 머랭(cold meringue)이라고도 한다.

2) 온제 머랭(Hot meringue)

온제 머랭은 기준량의 흰자에 대해서 반드시 2배 이상의 슈거 파우더를 사용해야 한다. 흰자와 슈거 파우더를 혼합한 후 약한 불로 가열하면서 힘이 좋은 머랭으로 휘핑하여 준다.

슈거 파우더 대신 설탕을 사용할 경우는 흰자 100g에 설탕 280g 정도를 사용하는데, 처음 흰자에 설탕 50g을 중탕으로 가열하면서 천천히 섞고 점점 세게 휘핑하다가 남은 설탕을 조금씩 나누어 넣는다. 반죽온도가 50℃ 정도가 되면 중탕에서 내려 열이 없어질 때까지 휘핑을 계속해 단단한 머랭을 만든다.

이 반죽으로 만든 머랭은 결이 곱고 무겁다. 머랭 반죽 자체가 열을 갖고 있기 때문에 표면이 건조되기 쉽고, 별모양깍지로 짠것도 모양이 흐트러지지 않는다. 따라서 머랭세공품이나 마카롱 같은 간단한 머랭쿠키 등에 적합하다.

3) 이탈리안 머랭(Boiled meringue)

이탈리안 머랭은 흰자거품(머랭)과 설탕을 청 잡아서 사용한다. 즉 달걀 흰자 250~300g에 설탕 500g과 설탕량의 30~40%의 물을 사용하여 만든 115~121℃의 설탕시럽을 서서히 투입하여 아주 힘이 좋은 머랭을 만든다. 계속 천천히 휘핑하면서 식힌 후 사용한다. 열처리되었으므로 케이크 장식이나 버터 크림, 초콜릿 반죽 등 다용도로 쓸 수 있다.

4) 스위스 머랭

스위스 머랭은 흰자와 슈거 파우더를 1:2의 비율로 만든다. 1/3 분량의 흰자에 슈거 파우더 전량을 넣고 글라스 루아얄을 만든다(이때에 빙초산을 몇 방울 사용한다). 남은 2/3의 흰자에 적당량의 바닐라 슈거로 보통 머랭을 만든 후 혼합하여 완성한다.

> *** 글라스 루아얄(Glace Royale)**
> 슈거 파우더에 거품이 날 정도로 휘핑한 소량의 흰자를 투입하여 만든 머랭으로 주로 조형물 제작에 사용된다. 짤주머니를 이용해 가는 글씨나 쿠키하우스 제작시 접착제 및 고드름을 만드는 데 효과가 있다. ─ 로얄 아이싱 참조

3. 기타 아이싱 재료

1) 화이트 퐁당(Fondant)

퐁당은 미리 만들어두고 필요할 때마다 가열(중탕)하여 구워낸 제품의 윗면에 코팅 장식하기 위해 사용한다. 흔히 흰색의 화이트 퐁당이 사용되고, 여기에 과일향이나 커피, 초콜릿 등을 녹여서 첨가하기도 한다.

● **기본배합**

그라뉴당 1kg, 물엿 100g, 물 500cc, 소금 2.5~3g

* 때에 따라 유지(쇼트닝)를 섞어 쓰기도 한다.

● **만드는 법**

① 배합 재료를 한데 넣고 고루 풀어서 113℃까지 끓인다.

② 끓인 설탕시럽을 대리석 판 위에 쏟아 붓고 40~43℃까지 식힌다.

　* 이때 윗면에 분무기로 물을 뿌려 식히는 속도를 촉진할 수 있다.

③ 나무주걱을 사용하여 골고루 섞듯 휘저어 공기를 포함시킨다(투명하던 시럽이 하얗게 탁해지며 주걱을 휘젓기가 힘들어 질 때까지). 이때 필요하면 유지를 첨가하기도 한다. 이것을 비닐 랩이나 비닐 봉지에 싸서 시원한 곳에 보관한다.

> 퐁당의 종류는 소프트 퐁당(주석산칼륨), 바닐라 퐁당, 캐러멜 퐁당, 초콜릿 퐁당, 커피 퐁당, 홍차 퐁당, 버터 퐁당(버터 10~15% 함유), 밀크 퐁당 등이 있다. 이는 기본재료의 물 대신 커피액, 홍차, 우유 등을 사용하여 만든다.

2) 로열 아이싱(Glace royale)

로열 아이싱은 각종 과자를 코팅하거나 장식 케이크, 세공 케이크 등을 만드는 크림이다. 파이 제품에도 묽게 코팅하여 굽기도 한다. 이것은 분설탕과 흰자를 섞어 만든 크림으로 흰자의 양으로 되기를 조절하여 사용한다.

● 기본배합

흰자 1개 분량, 분설탕 150g, 레몬즙 3~4방울

　* 식초나 주석산을 사용하기도 한다.

3) 워터 아이싱(Glace l'eau)

분설탕을 물에 녹인 것. 과자의 표면이나 미국식 도넛의 표면에 발라 얇은 설탕막을 씌우기 위해 사용하는데, 주로 당도가 포함된 광택제로 사용된다.

● 기본배합

분설탕 1kg, 물 250g

● 만드는법

분설탕을 물에 녹인다

　* 용도에 따라 배합 비율은 조정할 수 있다.

　* 코팅하려면 제품이 뜨거울 때 워터 아이싱을 바르면 수분이 증발하여 얇은 반투명의 설탕막이 형성된다.

　* 향을 첨가하여 맛을 조절한다.

4. 초콜릿

(1) 초콜릿의 종류

· **카카오 마스** : 흔히 버터 초콜릿이라고도 하는데 말 그대로 "쓴 초콜릿"이다. 카카오 빈에서 외피와 배아를 없애고 부순 것으로 설탕이나 그밖의 다른 성분은 전혀 포함하고 있지 않기 때문에 카카오 빈 특유의 쓴 맛이 그대로 난다.

· **카카오 버터** : 카카오 빈에서 직접 추출하거나 코코아 파우더를 만들 때 추출해낸 것을 두었다가 사용할 수도 있다. 커버추어를 좀 더 매끄럽게 하고 싶을 때나 가나슈를 만들 때 부드럽고 리치한 맛을 내기 위해 버터 대신 넣기도 한다.

· **다크 초콜릿** : 순수한 쓴맛의 카카오 마스에 설탕과 약 7~10%의 카카오 버터, 레시틴, 바닐라 등을 섞어 만든 것. 카카오 버터를 일정량 함유하고 있는 카카오 마스에 별도로 카카오 버터를 첨가했기 때문에 유지 함량이 좀 더 높고 유동성이 좋으며 카카오 풍미도 강하다.

· **밀크 초콜릿** : 다크 초콜릿의 구성 성분에 전지분유를 더한 것. 분유는 유백색이므로 색이 엷어질수록 분유

의 함량이 많은 것으로 보면 된다. 다크 초콜릿이 원재료인 카카오 빈의 질에 따라 맛이 좌우된다고 한다면 밀크 초콜릿은 그 외에 분유의 상태에 따라서도 영향을 받는다. 부드럽고 풍부한 맛을 강하게 하려면 카카오 버터의 함량을 높이면 된다.

· **화이트 초콜릿** : 카카오 빈을 이루는 두 가지 성분, 즉 카카오 고형분과 카카오 버터 중 초콜릿 특유의 다갈색을 내는 것은 카카오 고형분이다. 초콜릿을 만들 때 카카오 고형분을 뺀 나머지만으로 만들어진 것이 바로 화이트 초콜릿이다. 카카오 버터와 설탕, 분유, 레시틴, 바닐라로 이루어진 화이트 초콜릿은 카카오 고형분이 전혀 들어 있지 않다는 이유로 몇몇 나라에서는 이것을 초콜릿이 아닌 "설탕과자"로 분류하기도 한다.

· **컬러 초콜릿** : 화이트 초콜릿에 유성 색소를 넣어 만든다. 유성 색소를 첨가하는 이유는 화이트 초콜릿 자체가 카카오 버터를 주성분으로 하는 유성이므로 수성 색소를 넣으면 잘 섞이지 않기 때문이다.

· **가나슈용 초콜릿** : 카카오 마스에 설탕만을 더한 것. 카카오 버터를 넣지 않았기 때문에 다른 초콜릿들에 비해 카카오 고형분이 갖는 강한 풍미를 살릴 수 있다는 것이 장점이다. 유지 함량이 적어 생크림처럼 지방과 수분이 많아 분리될 위험이 있는 재료와도 잘 섞인다.

· **코팅용 초콜릿** : 대부분 초콜릿을 다루면서 가장 까다롭다고 여기는 것이 바로 템퍼링 작업. 초콜릿에 템퍼링이 필요한 이유는 맛과 품질에 큰 영향을 미치는 카카오 버터의 분자 배열 상태를 안정되게 만들기 위해서이다. 하지만 코팅용 초콜릿은 카카오 마스에서 카카오 버터를 제거한 다음 식물성 유지와 설탕을 더해 만들었기 때문에 번거로운 템퍼링 작업 없이도 언제 어느때든 손쉽게 사용할 수 있다. 유동성이 좋다는 점이 가장 크게 작용해 코팅용으로 쓰인다.

· **코코아 파우더** : 카카오 빈을 부순 코코아 마스에서 카카오 버터를 약 2/3 정도 추출해낸 후 그 나머지를 가루로 만들어 알칼리 처리를 한 것이 바로 코코아 파우더이다. 초콜릿과 같은 풍미를 가지면서도 가루 상태라 물이나 우유에 녹기 쉽고 취급하기도 쉬워서 여러 가지로 매력이 있다. 반죽에 섞어 넣어서 표면에 뿌리는 등 응용 범위가 넓다.

(2) 초콜릿 다루기

1) 커버추어

초콜릿 제품의 기본 재료로 두툼한 판 형태로 판매되는 것이 일반적이다. 커버추어는 영어 발음이고 프랑스어로는 "쿠베르튀르(couverture)"라고 한다. 국제 규정에서는 이것을 초콜릿 중에서도 '총 카카오 분량이 35%(카카오 버터는 31%) 이상이며, 다른 대용 유지를 함유하지 않은 것'이라고 규정하고 있다.

즉 카카오(카카오 버터)의 비율이 높고 유동성이 뛰어난 트랑페(시럽, 퐁당, 리큐르, 초콜릿 등에 과자를 담그는 일-편집자 주)하기에 적당한 초콜릿을 가리키는 것으로 현재 '카카오 함유량이 많은 초콜릿'이라는 의미로 널리 쓰이고 있다.

2) 템퍼링의 필요성

한마디로 말하자면 그것은 초콜릿에 많이 함유된 카카오 버터의 성질 때문이다. 카카오 버터는 그 결정의 모양에 따라서 성질(풍미나 촉감)이 크게 달라진다. 여기서 결정이란 카카오 버터를 구성하고 있는 분자의 배열을 말하는 것으로 이것이 어떤 형태를 갖는가에 따라 초콜릿의 상태가 결정된다.

그렇다면 이런 결정의 차이는 왜 생기는 것일까.

결정의 형태는 녹인 초콜릿을 굳히는 방법 여하에 따라 결정된다. 초콜릿은 녹인 채로 그대로 두면 분자 배열이 모두 제멋대로 흐트러져 매우 불안정한 결정이 생긴다. 이 결정을 방치하면 안정된 상태로 돌아오기는 하지만 꽉 짜인 완벽한 상태로 되기까지 너무 오랜 시간이 걸린다. 또 그 사이 결정이 커져 모래를 씹는 듯 까칠까칠한 식(食)감이 나는 형태로 변해버리기 일쑤다.

하지만 굳기 시작하는 단계에서 리더(核)가 되는 안정된 결정을 만들어두면 그 밖의 다른 분자도 리더를 본 떠 안정된 모양의 결정을 만들어간다. 그래서 인위적으로 리더가 되는 안정된 결정을 만드는 작업이 필요한 것이다. 즉 템퍼링이란 온도에 따라 변화하는 결정형의 성질을 이용해 안정된 결정이 만들어지도록 온도를 맞춰주는 작업이다.

3) 가장 쉽고 원칙적인 템퍼링 방법

① 물기를 완전히 제거한 볼에 잘게 썬 판 초콜릿을 넣는다. 작업 중에 불안에 물이 들어가지 않도록 각별히 주의한다.

② ①의 볼보다 작은 볼에 물을 채워 약한 불에 올리고, 그 위에 ①의 볼을 겹쳐 올려 중탕한다. 고무 주걱으로 섞으면서 녹인다.

② 40℃ 정도가 되면 전체가 균일하게 매끄러운 상태가 된다.

④ 이번엔 볼을 냉수에 받쳐서 천천히 섞으면서 온도를 낮춘다. 27℃ 정도가 되면 묵직하게 끈기 있는 상태가 된다.

⑤ 마지막으로 다시 불에 올려 중탕해 29~32℃ 정도까지 온도를 높인다. 34℃ 이상이 되지 않도록 주의한다. 만일 그렇게 되면 ④번의 과정부터 다시 한 번 되풀이해야 한다.

* 초콜릿을 다루는 작업장의 온도는 대개 18℃ 전후가 좋다. 이보다 온도가 높으면 잘 굳지 않으므로 주의한다.

4) 감각적인 템퍼링

작업대에서 초콜릿을 식히는 방법은 비교적 널리 이용되는 방법이다. 녹인 초콜릿의 2/3 정도의 분량을 작업대 위해 덜어내고 얇게 펼쳐 이기면서 식힌다. 차츰 점성이 생기면(27~29℃) 원래의 초콜릿 용기에 다시 담아 전체를 섞어 온도를 맞춘다(31~32℃). 단 이 방법은 작업대 위에서 어느 정도 뒤적여 식히고, 언제 다시 용기에 담아야 하는지를 기술자가 감각적으로 판단해야 하므로 기술자에게 숙련된 기술과 경험이 요구된다.

5) 템퍼링의 또 다른 방법

찬물을 이용하는 방법과 작업대를 이용하는 방법 외에도 템퍼링을 할 때 초콜릿을 식히는 또 다른 방법이 있다. 적정 온도로 녹인 초콜릿에 아주 곱게 다진 초콜릿(템퍼링한 것)을 더해 온도를 낮추는 방법이 바로 그것. 이때 투입하는 초콜릿은 기본적으로 녹인 커버추어와 같은 것이라야 하며 제조 후 1개월 이상 지난 것이 좋다.

6) 전문가의 템퍼링 포인트

① 초콜릿은 항상 중탕으로 녹인다.
② 물이나 수증기가 들어가지 않도록 각별히 주의한다.
③ 초콜릿은 40~50℃ 사이에서 녹인다.
④ 밀크 초콜릿을 부드럽게 할 때는 올리브유를 첨가한다.
⑤ 공기가 들어가지 않도록 천천히 젓는다.

7) 템퍼링 시 지켜야 할 5가지

① 온도계만 믿지 말고 육안으로 상태를 판단한다. 단순히 온도계의 수치만 보고 판단해서는 실수를 초래하기 쉽다. 초콜릿을 녹이고, 냉각시키고, 다시 온도를 높이는 각 단계마다 적정 온도의 상태를 눈과 피부로 기억해두는 것이 중요하다.
② 템퍼링한 후에도 적정 온도를 유지한다. 템퍼링이 완료되어 본격적인 제품 만들기에 들어가는 사이 별 생각 없이 초콜릿을 그대로 방치해두면 다시 온도가 내려가 모처럼 애써 안정시킨 초콜릿 결정이 다시 흐트러져 버린다. 따라서 전용 보온기나 보온 플레이트, 설탕공예용 램프 등을 사용해 일정한 온도를 유지시킨다. 적당한 기구가 없을 경우에는 번거롭지만 다시 데워 적정온도로 되돌린 후 작업해야 한다.
③ 템퍼링하는 초콜릿은 일정한 분량이 되어야 한다. 필요한 초콜릿이 소량일지라도 템퍼링할 때는 가능한 한 많은 양을 하는 것이 좋다. 그래야 온도 변화를 줄일 수 있기 때문이다. 또 같은 분량의 초콜릿이라도 큰 볼에 조금 넣어 작업하는 것보다 작은 볼에 넣어 작업하는 것이 온도 변화를 줄이는 요령이다.
④ 공기가 들어가지 않도록 저어준다. 초콜릿 전체의 온도에 차이가 나면 균일하고 안정된 결정이 생길 수 있다. 그래서 작업하는 동안 쉴새 없이 저어주는 것이다. 단, 이때 공기가 들어가지 않도록 하는 것이 포인트. 일단 한번 들어간 공기는 좀처럼 빠져나오지 못한다. 스패튤러는 너무 심하게 움직이지 말고 조용히 소리나지 않게 젓는다.
⑤ 녹일 때에는 적정 온도에서 완전히 녹여야 한다. 초콜릿은 35℃ 전후에서도 녹아 있는 것처럼 보이지만 사실은 육안으로 보이지 않는 분자의 결합이 여전히 남아 있는 상태이다. 따라서 35℃와 55℃에서 녹인 초콜릿을 각각 같은 방법으로 템퍼링하면 표면의 광택이나 응고 상태에 차이가 생긴다. 일반적으로 다크 초콜릿은 45~50℃(55~58℃인 것도 있다). 밀크와 화이트 초콜릿은 40~45℃(45~48℃)가 기준이다.

8) 초콜릿과 블룸

초콜릿의 품질이 저하되는 데는 여러 가지 원인이 있다. 만드는 과정에 문제가 있거나 제품을 보관하고 유통하는 과정에서의 취급 방법이 적절치 못하면 초콜릿은 광택을 잃고, 표면이 거칠어지고, 하얀 반점 등이 생겨 급기야 내부조직까지 윤기를 잃게 된다. 이같은 초콜릿의 품질 저하 현상의 대표적인 예가 바로 "블룸"이다.

팻블룸(Fat bloom)은 프랄리네라 초콜릿 표면에 하얀 곰팡이와 같이 얇은 막이 생기는 현상이다. 템퍼링 작업이 제대로 이뤄지지 않았을 경우 카카오 버터의 분자들은 형태에 따라 굳는 시간이 각각 달라진다. 이때 늦게 굳는 지방 분자가 표면으로 떠올라 지방 결정이 생기는 것이다. 특히 커버추어의 굳는 속도가 늦거나 충분히 굳지 않았을 때 더 일어나기 쉽고, 커버추어가 다른 유지(아몬드나 기타 터트류와 같은 센터를 사용할 때)에 닿으면 더욱 심해진다. 이밖에도 커버추러를 너무 따뜻한 곳에 보관하거나, 제품을 온도 변화가 심한 곳에 저장했을 때도 팻블룸이 일어난다.

슈거블룸(Sugar bloom)은 굳은 커버추어 표면에 작은 회색반점이 생기는 현상이다. 제품을 습도가 높은 방에서 작업을 하거나, 오랜 보관을 한 경우에 나타난다. 즉 표면에 물방울이 생기면 커버추어 내부의 설탕이 이 수분을 흡수해 설탕의 일부가 녹고, 이후 수분이 증발되면서 설탕이 재결정되어 반점이 생기는 것이다. 또 냉장고에서 냉각된 초콜릿을 따뜻한 장소로 옮기면 급격한 온도 변화로 인해 제품의 표면에 작은 물방울들이 생겨 슈거 블룸이 생긴다. 따라서 냉장고 등에 넣고 꺼낼 때는 그 온도차가 8℃ 이하가 되도록 주의해야 한다.

9) 코팅 시 꼭 지켜야 할 것

코팅(또는 커버링)이란 초콜릿의 템퍼링 작업이 끝난 후 센터를 초콜릿으로 씌우는 작업을 말하는데 이것 역시 템퍼링 못지 않게 중요한 작업이다. 이때 템퍼링이 끝난 초콜릿을 담은 볼 밑에 고무받침대 등을 받쳐 볼이 작업대에 직접 닿지 않도록 하는 것이 초콜릿이 쉽게 식지 않도록 하는 데 도움이 된다.

① 템퍼링한 초콜릿을 준비한다. 센터를 초콜릿에 넣고 초콜릿 포크를 사용해 초콜릿에 살짝 담근다.
② ①을 초콜릿 포크로 즉시 떠올린 후 위아래로 털어 여분의 남은 초콜릿을 없앤다.
③ 여분의 초콜릿이 깨끗이 없어지도록 볼 둘레에 대고 문지른다.
④ 유산지를 깐 트레이에 코팅한 제품을 나란히 늘어놓는다
⑤ 모양을 낼 때는 초콜릿 포크로 가볍게 눌러주듯이 자국을 낸다.

10) 전문가의 코팅 노하우

① 온도 18~20℃, 습도가 낮은 곳에서 작업을 한다.
② 센터의 온도는 20℃ 정도가 좋다.
③ 코팅한 제품은 15℃에서 보관한다.
④ 작업실 온도가 높으면 트레이를 차게 해 준비한다.
⑤ 퐁당을 센터로 사용한 경우 두 번 정도 코팅한다.

5. 마지팬

마지팬(Marzipan)은 아몬드 페이스트를 설탕과 혼합해 만든 반죽이다. 프랑스어로는 파츠라망드(P te d mands), 독일에서는 마르치판(Marzipan)이라고 한다.

마지팬의 종류는 배합과 특성에 따라 마지팬과 로 마지팬(Raw marzipan)으로 나뉜다.

(1) 마지팬

설탕과 아몬드의 비율에 2:1인 마지팬은 설탕의 점도가 강해 마지팬 세공품을 만들거나 얇게 펴서 케이크 커버링 용으로 사용한다. 마지팬의 색깔은 로 마지팬보다 엷기 때문에 착색효과도 좋다.

(2) 로 마지팬

설탕과 아몬드의 비율이 1:2인 로 마지팬은 아몬드량이 많아 스펀지, 파운드 반죽 등에 섞어 구워내거나 필링 용으로 사용한다.

6. 슈

슈(choux)는 프랑스어로 양배추라는 뜻이다. 구워진 상태의 외형이 마치 양배추와 같은 모양이라 해서 붙여진 이름이다.

(1) 슈의 기본배합 및 제법

본서 제과편 슈 항목 참조 (p. 194)

(2) 슈 반죽의 단계별 포인트

1) 준비단계에서의 포인트

계량은 정확하게 하고 용기 및 도구는 청결하게 한다. 사용하는 용기는 스테인리스 볼이나 동제 볼 등이 좋지만 대량 반죽 시에는 믹서볼을 사용하기도 한다.

반죽을 철판에 짜기 위하여 코팅 철판이나 일반 철판은 버터칠을 얇게 하는 것이 좋다. 철판에 기름을 바를 경우 많이 바르게 되면 슈 껍질의 밑면이 퍼질 염려가 있으므로 최대한 얇게 바른다.

2) 반죽단계에서의 포인트

물과 유지를 충분히 끓여준 후 밀가루를 넣어야 하는데 그 전에 넣으면 구워진 후에 위로 부풀지 않고 옆으로 퍼지게 된다. 또한 유지와 물을 충분히 끓이지 않으면 나중에 덩어리가 지게 된다.

물에 유지를 녹여 끓일 때 재빨리 녹지 않으면 수분 증발이 크므로 센 불에서 녹인다. 또한 밀가루를 섞고 볶아줄 때에도 수분 증발을 최대한 막아준다.

반죽은 충분히 섞어주어야 탄력적이고 구워졌을 때 위로 동그랗게 부풀어진다. 그러나 지나치게 섞으면 글루텐의 힘에 의해 제대로 부풀지 못한다.

달걀을 섞을 때는 전 중량을 6회로 나누어 섞어주는 것이 가장 좋다. 또한 달걀을 넣어 완성된 상태에서 반죽이 식으면 덜 부풀고 껍질이 단단해진다.

3) 굽는 단계에서의 포인트

철판에 팬닝한 뒤 장시간 방치해두면 반죽이 마르고 굽는 과정에서 제대로 부풀지 않으며 보기 좋은 광택이 나지 않는다. 오븐은 약 200℃까지 충분히 예열한다. 철판의 온도가 낮을 경우 껍질이 얇아지고 광택도 살지 않는다. 또한 온도가 너무 셀 경우 옆으로 퍼진 모양으로 구워진다.

반죽이 질 경우에는 소형 베이비 슈를 구워도 되지만 파리브레스트와 같이 대형 슈를 구울 경우 반죽이 확실한 상태(약간 되게 반죽된 상태)로 만들어야 깨끗하게 구워진다.

4) 구워진 후의 포인트

오븐에서 꺼낼 때 부서질 정도로 충분히 건조시켜 꺼내야 수축을 막을 수 있으며, 부딪혔을 때 경쾌한 소리가 나는 것이 오래 보관된다.

표면에 5~6군데 선명한 균열이 나타난 것이 이상적이며 유럽에서는 딱딱한 것을 선호하지만 부드러운 경우 수분이 덜마른 상태이므로 보관상 상당한 주의가 필요하다.

7. 기타 공예용 반죽

1) 떡(운뻬이) 반죽

운뻬이 반죽은 찹쌀떡 반죽에 설탕과 슈거 파우더를 섞어 작업하기 좋은 상태로 만든 것인데, 적당한 상태로 완성된 반죽은 눌렀을 때 10% 정도 다시 올라오는 탄력이 있다. 누른 후 반죽이 다시 원상태로 돌아오면 슈거 파우더가 부족한 것으로 반죽을 얇게 밀어 펼 수가 없다. 반대로 슈거 파우더가 너무 많이 들어가면 누른 상태 그대로 다시 올라오지 않는다. 이렇게 되면 반죽을 밀어 펴거나 제품을 말렸을 때 끊어지기 쉽고 손작업 시 녹아버린다. 질좋은 운뻬이 반죽을 만들기 위해서는 떡 반죽을 되게하고 슈거 파우더는 허용되는 선에서 충분히 넣어야 한다.

● 배합 및 만드는 법

찹쌀떡 반죽 100g, 설탕 100g, 슈거 파우더 50~60g, 식용색소(초록, 빨강)

① 찹쌀떡 반죽에 설탕을 넣고 잘 치댄다.

② 반죽에 슈거 파우더를 넣고 치대면서 반죽의 상태를 점검한다.

③ 원하는 색깔의 색소를 넣어 색을 들인다.

④ 완성된 반죽을 2mm 정도의 두께로 밀어 펴서 이파리 모양틀로 찍어낸다.

> *** 공예용 운뻬이 반죽 만들기**
> 만들고자 하는 작품의 규모가 조금 클 경우 운뻬이 반죽만으로는 너무 약해 부서지기 쉽다. 이럴 때는 검 페이스트를 섞어 사용하는 것이 좋다. 검 페이스트를 첨가할 때는 평면 표현일 경우 1대 1 비율로, 입체적인 표현일 때는 운뻬이 반죽과 검 페이스트의 비율을 10대 2로 조절한다. 검 페이스트가 많이 들어간 반죽은 다루기가 쉽지 않고 얇게 밀어 펴거나 섬세하게 만드는 것에는 적합하지 않으므로 너무 많이 넣지 않도록 주의한다.

2) 슈거 페이스트 반죽

● **배합**

슈거 파우더 500g, 트라캉트 고무 분말 12g, 흰자 파우더 12g, 젤라틴 12g, 물 35cc, 물엿 60g, 흰자 50～60cc, 빙초산 소량, 쇼트닝 3～5g

● **만들기**

* 만들기 전에 트라캉트 고무 분말과 슈거파우더, 흰자 파우더를 체쳐 놓는다.

① 젤라틴을 약 5～10분간 물에 불린다.

② ①을 중탕해서 충분히 녹인다. 이때 충분히 녹이지 않으면 반죽 상태에서 덩어리가 지게 되고 꽃잎 등을 만들 때 매끈해지지 않으므로 주의한다.

③ 줄줄 흐를 정도로 중탕한 물엿을 ②에 넣고 섞어 저어가면서 완전히 녹인다. 이때 온도는 60℃ 정도가 적당한데 온도가 너무 높으면 젤라틴의 접착력이 떨어지므로 주의한다.

④ 흰자 ⅓을 ③에 넣고 섞는다.

⑤ 슈거 파우더와 흰자 파우더, 트라캉트 고무 분말을 넣고 나무주걱으로 저으면서 중탕한다.

⑥ ④를 ⑤에 넣고 온도가 떨어지기 전에 재료를 재빨리 섞는다.

⑦ 나머지 흰자를 2～3차례에 걸쳐 나눠 넣으면서 섞는다. 손에 달라붙지 않도록 쇼트닝을 발라가며 반죽을 치댄다.

⑧ 빙초산을 넣고 반죽이 쫄깃쫄깃하고 하얗게 될 때까지 섞은 후 랩을 씌워 실온에서 하루 정도 숙성시킨다. 숙성이 제대로 이루어지지 않으면 반죽의 결이 찢어지므로 충분히 숙성시킨다.

제2장 케이크데커레이션 실기

● 종이 짤주머니 만드는 법 ●

1. 임의의 사각형을 대각선을 잘라 두 개의 삼각형으로 만든다.

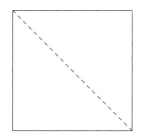
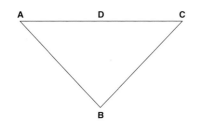

POINT
파이핑 작업 시 주로 천으로 된 짤주머니를 주로 사용하나, 세밀한 선을 긋거나 기타 필요에 따라 종이 짤주머니를 만들어 사용하기도 한다. 이때 사용되는 종이는 유산지 등 습기나 기름기에 강한 것이어야 한다.

2. 삼각형의 각 모서리와 한 변을 기호로 나타내면 그림과 같은데, 꼭지점 C를 둥글게 말아 꼭지점 B와 맞닿게 하고, 꼭지점 A도 같은 방법으로 꼭지점 B와 닿도록 말아준다.

3. 꼭지점 A, B, C를 안쪽으로 꺾어서 접은 후, 이음새를 튼튼하게 하기 위해 몇 번 더 접어준다.

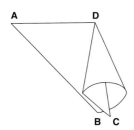
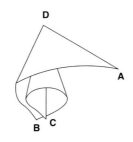

4. 접어진 짤주머니는 필요한 크기와 모양에 따라 날카로운 가위로 잘라 사용한다.

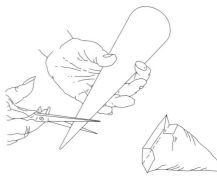

● 모양깍지별 문양

1. 유리판 위에 연습하기

유리판 위에 연습하는 것은 청결유지 공부에
도움이 되고, 실제 케이크 위에 작업하기 전
에 실력을 점검할 수 있는 적당한 방법이다.
또한 실력을 키우기 위해서 어려운 문양을
유리판 밑에 대고, 그 문양을 따라 연습하는
것도 많은 도움이 된다.

2. 둥근 깍지

작은 둥근 모양깍지는 케이크 위에 글씨 쓰기,
점찍기, 선 그리기, 고리 만들기, 자수 등 다양
한 문양에 유용하게 쓰인다. 선 그리기와 고리
만들기에 가장 효율적인 방법은 깍지 끝 부분
을 잡고 짤주머니를 표면에서 40~45mm 떨
어진 상태에서 지속적으로 눌러준다. 이때에
아이싱 내용물이 케이크 위에 떨어지지 않게
주의한다.

둥근 모양깍지를 이용해 점, 구슬을 만들 때
에는 끝마무리가 중요하다. 작은 점은 끝마
무리 부분이 깍지를 따라 올라오지 않게 짤
주머니를 가볍게 눌러주고 살짝 뗀다. 큰 점
인 경우에는 짤주머니를 지속적으로 눌러주
고 부드럽게 떼어야 제대로 된 둥근 모양이
나온다.

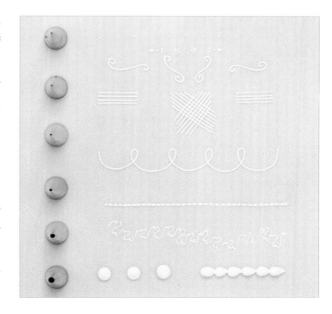

3. 별 모양 깍지

조개 모양, 별 모양, 두루마리 모양 등 다양하게 쓰인다. 별 모양은 짤주머니를 단번에 강하게 눌러주고 바로 멈추고 뗀다. 조개 모양일 경우는 짤주머니를 45° 각도로 유지하고, 짤주머니 끝을 표면에 대고 세게 눌러주면서 반복해준다.

장미꽃 모양은 깊게 페인 깍지를 이용하는데 적당한 깍지는 프로버스 13호 또는 어테코 33호 모델이 적당하며, 짤주머니를 돌리면서 짜준다.

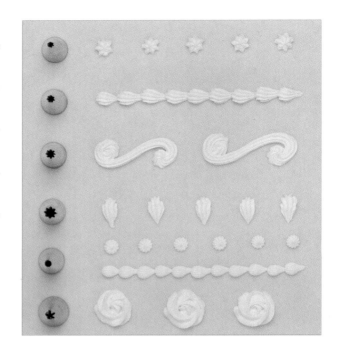

4. 잎 모양 깍지

거의 일자 모양으로 프로버스 42호 또는 어테코 101호가 있으며, 베케널 57호처럼 모양이 구부러진 것이 있다. 이러한 깍지들은 장미, 국화 등의 문양을 내는 데 유용하게 쓰인다. 단, 어테코 81호처럼 말발굽 모양의 깍지는 국화, 은방울꽃 문양에 쓰인다. 프로버스 31호와 어테코 224호는 한 번 짜기로 단번에 꽃 모양을 만들 수 있어 많은 용도에 쓰인다. 특히 베케널 37호는 사용하기 쉬워 어린이용 케이크에 가장 쓰기 편하다.

5. 특이한 모양 깍지

조개와 물결무늬는 어테코 86, 87, 88호를 이용하여 만들 수 있다. 또한 풀잎모양과 머리모양 등은 어테코 233호를 이용할 수 있는데 어린이 케이크에 사용하는 데 적당하다.

구멍이 여러 개 달린 깍지는 다양한 방법으로 이용되는데, 구멍이 5개 짜리 깍지는 악보 오선지를 그릴 때 사용된다.

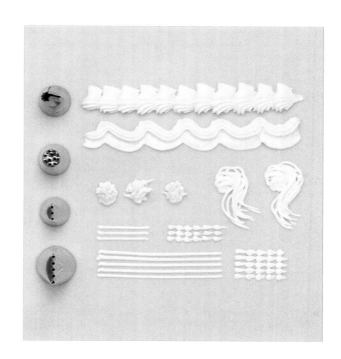

6. 리본 깍지

베케널 22호와 어테코 98호를 이용하여 바구니 표면 모양에 유용하게 쓰인다. 나뭇잎 모양깍지를 짜는 데에는 어테코 349호, 350호, 352호 등이 유용하게 쓰인다. 이때 위에서부터 아래로 움직이면서 짤주머니를 눌러준다.

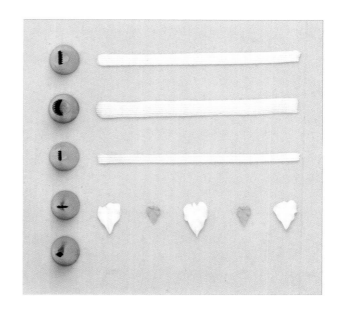

● 케이크에의 응용

1. 별+둥근 모양깍지

기본형인 별과 둥근 깍지를 하나로 만든 것. 한 깍지로 두 가지 모양을 동시에 낼 수 있어 편리하고 모양도 예쁘다.

1. 케이크의 아랫부분을 소박하면서도 풍성하게 꾸밀 수 있는 방법. 한 마디를 5㎝ 정도 길이로 끊어서 짜준다.

2. 약간 변형된 형태. 끝까지 손을 쉬지 않고 한숨에 물결무늬로 짜 나간다. 모양깍지의 위아래를 바꿔 짤 수도 있다.

3. 케이크 윗부분을 장식할 수 있는 방법으로 윗면 가장자리 부분에 돌려가며 짠다. 꼬리부분이 얇아지도록 약간 잡아당기는 느낌으로 마무리한다.

---

2. 물결무늬 깍지

납작한 모양에 톱니가 달려 있어 크림을 짜면 일정한 간격의 물결무늬가 생긴다. 주로 옆면 장식에 쓰이는데 바구니 모양이나 리본 모양을 만들 수도 있다.

1. 일자로 길게 짜기. 케이크의 아랫부분을 깔끔하게 정리할 수 있다.

2. 깍지를 위아래 지그재그로 움직여 큰 물결무늬를 만든다. 한 가지만으로 옆면이 꽉 찬 느낌이 든다.

3. 깍지를 아래에서 윗부분으로 비스듬히 끌어 올려 S자 모양으로 만든다. 여러 마디를 연결하면 굵게 꼬인 로프 모양이 된다. 각도를 변화시켜 넓거나 좁은 모양을 만들 수 있다.

3. 별모양 깍지

깍지의 모양 자체만으로도 장식적인 효과가 커서 여러 가지 방법으로 응용할 수 있다.

1. 부풀린 리본처럼 풍성해 보이는 옆면 장식. 5㎝ 정도의 길이로 마디를 끊어 짜 주면 마치 주름잡힌 천을 두른 것처럼 멋스럽다.

2. 주문 케이크처럼 화려하고 눈에 띄는 장식이 필요한 경우에 알맞다. 두 개가 서로 마주보도록 윗부분에서 큰 소용돌이 모양으로 시작해 아랫부분으로 끌어 내려 짜면 파도모양의 큰 하트 장식이 완성된다.

3. 별모양 깍지의 특징은 약간의 변형만으로도 화려하게 표현할 수 있다는 점이다. ②처럼 소용돌이 모양으로 시작해 길게 꼬리를 빼고 로프 모양으로 한 번 더 감아주면 큰 파도처럼 보인다.

4. 생크림 케이크 장식에 많이 쓰이는 방법이다. 깍지를 수직으로 세워 윗면에 방울 모양으로, 끝이 뾰족하게 빠지도록 약간 당기는 느낌으로 짠다. 끝부분에 녹인 초콜릿을 동그랗게 돌려 짜면 더 예쁘다.

4. 잎+별 모양깍지

납작한 잎 모양 깍지에 별 모양 깍지가 달린 변형형. 맨 처음에 소개한 깍지처럼 한 깍지로 두 가지 모양을 만들 수 있어 자주 이용된다.

1. 케이크 밑부분이 허전하다고 느껴진다면 이 깍지를 이용해 보자. 손을 어떻게 움직이느냐에 따라 다채로운 장식이 가능하다. 이 깍지 하나면 별다른 옆장식이 필요 없다.

2. 화려한 이미지가 필요한 각종 기념일용 케이크에 어울리는 장식이다. 용수철 모양으로 휘어 짠 다음 꼬리를 길게 빼 리본 장식처럼 짠다.

3. ②와 같은 요령으로 옆면을 장식했다. 머리부분의 크기나 길게 늘어지는 꼬리 부분을 조금씩 달리하는 것만으로도 다양하게 응용할 수 있다.

5. 잎모양 깍지

납작하고 앞 부분이 비스듬한 사선으로 처리된 잎 모양 깍지는 버터나 머랭으로 꽃을 짜는 데 유용하게 쓰인다. 그 외에도 레이스나 리본 모양으로 장식할 수 있다.

1. 잎 모양 깍지로 짜낸 장식은 자칫 단순해 보일 수 있으므로 짤주머니 안에 길게 한 줄로 초 콜릿크림 등을 발라 색깔을 달 리 하면 좀 더 다양하게 활용할 수 있다. 깍지를 세워 넓은 띠 모양으로 짠다.

2. 깍지를 눕혀 윗면을 장식했 다. 색깔이 들어간 부분을 바깥 쪽으로 향하도록 한다.

3. 깍지를 눕혀 윗면을 장식했 다. 색깔이 들어간 부분을 바깥 쪽으로 향하도록 한다.

6. 둥근 깍지(큰것)

둥근 깍지는 잎 모양 깍지와 함께 가장 많이 쓰이는 것들 중의 하나이다. 모양은 단순 하지만 활용범위가 넓어 기본적으로 여러가지 크기를 갖추어 놓으면 유용하게 쓸 수 있다.

1. 케이크 윗면의 가장자리를 심플하게 꾸몄다. 깔끔한 생크 림 케이크 장식에 알맞다.

2. 발렌타인데이 등에도 응용 할 수 있는 방식법.

3. 원형 깍지 하나만으로도 단 순한 데커레이션뿐 아니라 복 잡하고 다양한 모양을 표현할 수 있다. 조금만 연구하고 테크 닉을 익히면 학이나 사슴 등의 동물 문양도 어렵지 않게 만들 어낼 수 있다.

POINT

케이크데커레이션에 가장 많이 등장하는 꽃은 짜기에 의한 방법과 형틀(커터)로 찍어 만드는 방법이 있다.
꽃짜기에 주로 사용되는 재료로는 버터크림과 머랭 등이 있으며, 꽃 만들기에는 초콜릿과 마지팬, 떡(운뻬이), 설탕공예기법이 주로 사용된다.

● 꽃짜기

먼저 버터크림을 준비할 때는 약간 되직한 상태가 모양내기에 편리하며 색감은 취향에 따라 선택하되 너무 자극적인 색감은 피하는 것이 세련미를 더할 수 있다.

짤주머니에 버터크림을 담을 때는 색을 들인 버터크림을 짤주머니에 세로 방향으로 반 정도를 담고 하얀 버터크림으로 나머지를 채운다. 그리고 색이 곱고 조화 있게 나오도록 어느 정도 짜낸 뒤 그 다음부터 장식을 하면 고우면서도 아름다운 색을 동시에 표현할 수 있다.

1. 장미

1. 흰색과 분홍색의 버터크림을 반반씩 짤주머니에 담는다.
2. 꽃짜기 판 위에 뾰족한 꽃심을 짠다.
3. 잎 모양 깍지로 꽃심 주변에 봉오리 상태의 꽃잎을 짠다.
4. 조금씩 벌어지는 모양의 꽃잎을 짠다. 처음부터 너무 벌어지게 짜면 꽃송이가 커져 예쁘지 않다.
5. 바깥쪽의 꽃잎은 넓게 감싸듯이 짠다.

2. 등꽃

1. 하얀색과 청색으로 남보라빛에 가까운 등꽃을 짠다. 순간적인 동작으로 이루어지기 때문에 매우 숙련된 기술을 요하는 부분이다.

2. 먼저 나무색의 색소를 첨가해 자연스런 등나무 줄기를 길게 짠다.

3. 앞에서 만든 등꽃을 등나무 줄기에 매달려 보이도록 자연스럽게 나열하고 끝부분으로 갈수록 좁고 작게 나열해 마무리한다. 가는 모양깍지를 이용해 초록색의 가는 줄기를 짠다.

4. 덜 핀 등꽃을 표현하기도 하고 위, 아래로 이파리를 자연스레 짜 넣어 하나의 등나무 줄기를 완성한다.

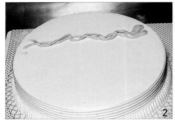

3. 에델바이스

1. 꽃잎을 돌려가며 짜서 완성한다. 한 가운데는 노란색 버터크림으로 수술·암술을 표현하고 진한색으로 씨앗을 표현한다.

2. 케이크의 주변을 따라가며 가는 초록색 버터크림을 가늘게 짜준다.

3. 가장자리에 일정한 간격을 두고 잼을 이용해 빨간색의 포인트를 준다.

4. 가장자리 끝을 돌아가며 에델바이스를 얹고 한 가운데는 운뻬이로 만든 장미꽃과 이파리로 장식한다.

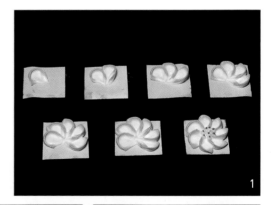

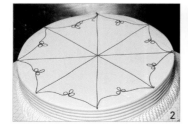
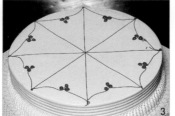
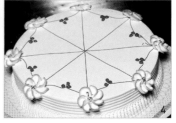

4. 연속 꽃무늬

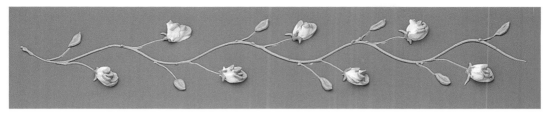

1. 간격을 일정하게 표시한 후 작은 형의 장미모양깍지를 이용해 꽃을 짜준다.
2. 꽃은 부채꼴 모양으로 짜주며 그 위에 S형으로 봉우리를 만든다.
3. 반부채 꼴 모양으로 마주보게 한다.
4. 줄기를 짜준 다음 잎사귀는 종이 짤주머니를 이용해 작업한다.
5. 잎사귀와 꽃받침으로 마무리한다. 이때 장미꽃은 그림과 같은 방법을 이용한다.

흰색 / 분홍색

1. 간격을 일정하게 한 후 원형 모양깍지 1호를 사용해 줄기를 짜준다. 이때 줄기의 색은 초록색에 황색과 적색을 혼합한 것이다.
2. 원형모양깍지 3호를 이용해 포도알갱이를 만들어 나간다.
3. 잎사귀는 종이 짤주머니를 이용해 마무리한다.

1. 간격을 일정하게 표시한 후 줄기, 꽃, 잎사귀 순으로 작업해 나간다

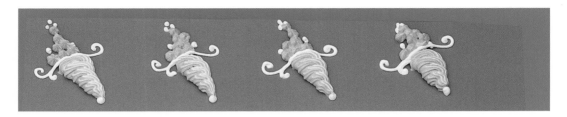

1. 작은 형의 별모양깍지를 이용해 감아서 바구니 모양을 낸다.
2. 꽃은 별모양깍지로 찍어낸다.

1. 작은 형의 별모양깍지를 이용해 그려나간다.

1. 줄기는 원형모양깍지 1호를 사용해 감으면서 그려나간다.
2. 꽃은 작은형의 장미모양깍지를 사용해 그림과 같은 순서로 짜준다.
3. 종이 짤주머니를 이용해 잎사귀를 짜준 후 마무리한다.

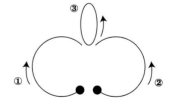

* 참고

분설탕과 흰자 그리고 주석산을 배합해 고속으로 휘핑하면 반죽이 단단해진다. 따라서 힘을 가해 짜려면 종이 짤주머니보다는 비닐 짤주머니를 사용하는 것이 좋다.

● 꽃 만들기

꽃 만들기 재료로는 마지팬과 슈거페이스트, 떡(운뻬이)반죽, 초콜릿 등이 주로 쓰인다. 마지팬이나 슈거페이스트, 떡반죽 등은 반죽을 얇게 펴서 만들고자 하는 모양의 형틀(커터)로 찍어낸 다음 손이나 소도구를 사용하여 꽃잎이나 나뭇잎 형태를 만들고 이것들을 조합하여 꽃을 만든다. 초콜릿 꽃의 경우는 녹인 초콜릿을 꽃모양 형틀에 부어 굳혀 내거나, 템퍼링한 초콜릿을 비닐 위에 얇게 펴 바른 다음 약간 덜 굳은 상태에서 꽃잎 모양을 찍어내고 이것을 다시 꽃잎 형태로 만들어 붙인다.

1. 포인세티아 만들기

크리스마스를 장식하는 관엽식물인 포인세티아는 꽃 모양의 붉은 잎이 화려하고 아름다워서 초록과 붉은색으로 상징되는 크리스마스와 잘 어울린다. 멕시코 원산이므로 추운 겨울을 나야 하는 우리나라에서는 흔하지 않은 식물이지만 붉은색과 초록색 운뻬이 반죽으로 얼마든지 근사한 포인트세티아를 만들 수 있다.

1. 붉은색 반죽을 얇게 밀어 펴 이파리 모양틀로 찍어낸다.
2. 이파리의 한쪽 끝부분을 뾰족하게 아물려 줄기 모양으로 만든다.
3. 버터크림을 둥그스름하게 짠 다음 2를 빙둘러 보기 좋게 꽂는다.
4. 가운데 부분에 노란색과 붉은색 버터크림을 조그맣게 짠 다음 냉동고에 굳힌다.

   * 가운데 심지 부분을 머랭으로 한 경우에는 낮은 온도의 오븐에서 건조시킨다.

2. 장미 만들기

1. 장미꽃잎 모양의 틀로 붉은색 반죽을 찍어낸다.
2. 길쭉하고 얇은 꼬챙이로 이파리의 끝부분을 바깥쪽으로 구부린다.
3. 만들어둔 꽃잎을 아랫부분을 아물리면서 둥글게 붙여 장미꽃 모양으로 만든다.

3. 국화

1. 노란 슈거페이스트 꽃술을 만든다. 동그랗게 둥글려 가위집을 넣어 부숭부숭한 꽃술을 표현한다.
2. 꽃잎을 만든다. 크고 작은 꽃잎 형틀로 찍어누른 노란 슈거페이스트를 분홍 스폰지에 대고 끝이 뭉툭한 봉으로 문질러 낱낱의 꽃잎을 구부린다. 꽃잎의 크기가 커지면 봉의 크기도 바꾸어 사용한다.

   * 스폰지가 따로 없으면 가정용 스폰지 행주를 사용해도 상관없다.
3. 2의 크고 작은 꽃잎을 작은 것부터 1의 꽃술에 풀칠해 붙여 나간다. 마지막으로 초록색 꽃받침대를 끼워 붙이면 소담스런 국화 한 송이가 완성된다.

4. 들꽃

1. 흰 슈거 플라워 반죽을 얇게 밀어 펴 세잎 클로버 모양의 꽃잎 모양틀로 찍어낸다.
2. 꽃잎의 윗면에 끝부분에 가는 세로 홈이 패어 있는 봉을 굴려 결을 새기고 넓게 펼친다.
3. 꽃술을 반으로 접어 철심에 감은 것을 ②의 꽃잎에 끼운다.
4. 초록색 슈거 플라워 반죽을 둥글게 뭉쳐 한 부분을 뾰족하게 잡아뺀다. 이 뾰족한 부분을 중심으로 나머지 부분을 사방으로 밀어 펴 멕시칸 모자 모양으로 만든다. 꼭지 부분을 중앙에 놓고 꽃받침 모양틀로 찍어낸다.
5. 꽃받침을 ③에 끼워 붙여 완성한다.

● 초콜릿 데커레이션하기

템퍼링

초콜릿을 40℃로 녹여 대리석 위에 흘려 붓고 팔레트 나이프로 펼치면서 식힌다.
- 일반 초콜릿을 템퍼링할 경우 대리석이 너무 차가워서 빨리 굳어버리는 경우가 있다. 이럴 때는 다크초콜릿에 면실유 20%를 첨가하면 강도가 약해져서 사용 가능하다.
- 초콜릿이 너무 되면 부러지거나 끊어질 수 있으니 주위한다.
- 스텐 위에서 작업할 경우 스텐을 냉각시킨 후 작업한다.

1. 초콜릿 꽃 데커레이션하기

1. 다크초콜릿을 40℃ 정도로 녹여 케이크에 듬뿍 흘려 골고루 코팅한다.
2. 별도의 작업대에 템퍼링 한 초콜릿을 팔레트 나이프로 골고루 저어주면서 얇게 펴준다.
3. 초콜릿이 적절하게 굳어지면 팔레트 나이프로 부드럽게 긁어 사진과 같이 모양을 떠낸다.
4. 주름모양의 초콜릿을 코팅된 케이크 위에 보기 좋게 데커레이션한다.
5. 슈거파우더를 뿌려 마무리한다.

2. 데커레이션용 초콜릿 만들기 - 말린 모양 만들기

1. 다크초콜릿을 50℃ 정도로 녹여 대리석 위에 붓고 골고루 밀어준다. 다시 통에 담아 주걱으로 저어주며 30℃ 온도로 낮춰준다. 대리석 위에 적당량 흘리고 팔레트 나이프로 얇게 펴준다.
2. 칼로 가늘게 위에서 아래로 긁어주면 말린 모양이 나온다.

3. 다크·화이트초콜릿 말린 모양 만들기

1. 다크초콜릿을 50℃ 정도로 녹여 대리석 위에 붓고 골고루 밀어준다. 다시 통에 담아 주걱으로 저어주며 30℃ 온도로 낮춰준다. 대리석 위에 적당량 흘리고 팔레트 나이프로 얇게 펴준다.
2. 초콜릿을 펴 준 다음 삼각톱날을 이용해서 문양을 만든다.
3. 그 위에 화이트초콜릿을 얇게 펴준다.
4. 칼로 위에서 아래로 가늘게 긁어주면 말린 모양이 나온다.

4. 화이트·다크초콜릿 말린 모양 만들기

1. 화이트초콜릿을 50℃ 정도로 녹여 대리석 위에 붓고 골고루 밀어준다. 다시 통에 담아 주걱으로 저어주며 30℃ 온도로 낮춰준다. 대리석 위에 적당량 흘리고 팔레트 나이프로 얇게 펴준다.
2. 초콜릿을 펴 준 다음 삼각톱날을 이용해서 문양을 만든다.
3. 그 위에 다크초콜릿을 얇게 펴준다.
4. 칼로 위에서 아래로 가늘게 긁어주면 말린 모양이 나온다.

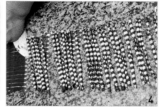

5. 장미꽃

〈배합〉

화이트(다크)초콜릿 1000, 물엿 300, 카카오버터 100, 시럽(설탕 1 : 물 1) 200

1. 초콜릿을 26℃로 녹인다. 물엿을 녹인 후 초콜릿과 섞는다.
2. 1에 카카오버터를 넣고 시럽을 마지막으로 넣어준다.
3. 기계를 이용 살짝 섞어준 후 냉장고에서 하루 정도 숙성 후 사용한다.
   * 손으로 섞어줄 경우 카카오버터는 24℃에서 녹기 때문에 기름기가 생길 수 있다.

〈만들기〉

1. 화이트초콜릿으로 봉을 만든다. 적색3호를 이용하여 화이트초콜릿에 색을 입힌 다음 얇게 펴준다. 분홍색 초콜릿으로 화이트초콜릿 봉을 싸서 말아준다. 봉을 반으로 자른후 일정 크기로 잘라낸다.
2. 비닐을 덮고 수저로 눌러준다 .
3. 손으로 만져서 꽃잎을 만든다

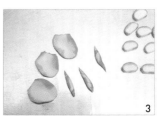

4. 꽃심도 만들어둔다.

5. 꽃심 둘레로 꽃잎을 하나씩 붙여준다.

6. 꽃잎을 약간 뒤로 저쳐 펼친 모습을 만든다.

6. 잎사귀

1. 화이트초콜릿과 분홍색초콜릿이 합쳐져 있는 봉을 칼로 반을 가른다.

2. 비닐로 덮고 밀대로 밀어준다.

3. 칼로 잎사귀 모양의 크기로 잘라낸다.

4. 살짝 밀대로 밀어준다.

5. 칼로 잎사귀 모양으로 성형한다.

6. 마지막으로 손으로 다듬는다.

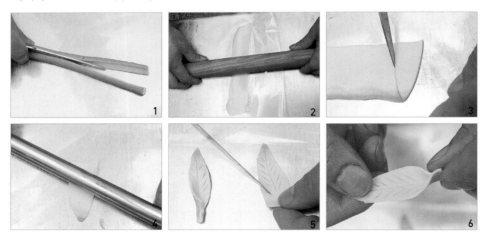

7. 줄기

1. 봉을 반으로 자른 후 손으로 밀어 말아준다.

2. 말아둔 반죽을 밀대에 둘둘 말아 모양을 만든다.

   * 줄기에 작은 잎사귀를 붙이면 벚꽃 효과를 낼 수 있다.

1. 사슴 흰색, 갈색, 고동색, 빨간색 머랭을 준비한다.

1. 갈색 머랭으로 다리 두 개를 짠다.
2. 사슴의 목과 나머지 다리를 짠다.
3. 사슴 머리를 짠 다음 뿔과 눈, 흰 반점을 그려 넣는다.

  * 머랭으로 장식물을 만들 때 사슴의 뿔이나 나뭇가지처럼 가느
     다란 부분은 잘 부러지기 쉬우므로 찬 머랭을 사용한다.

2. 오리 흰색, 노랑색, 짙은 노랑색, 보라색 머랭을 준비한다.

1. 지름 1cm의 원형깍지를 이용하여 몸통을 먼저 짜준 후 머리을 짜준다.
2. 꽃잎모양의 종이 짤주머니를 이용하여 오리의 모양의 입을 짜준다.
3. 다른부분은 순서에 상관없이 진행이 되도 된다.
4. 마지막으로 종이 짤주머니를 만들어 날개를 짜주면 완성된다.

3. 천사 흰색, 빨간색, 초록색, 연갈색 머랭을 준비한다.

1. 흰 머랭을 가늘고 길게 짜서 아래쪽의 다리를 그린 다음 몸통과 엉덩이, 나머지 한쪽 다리를 짠다.
2. 날개와 팔, 머리를 짠다.
3. 갈색 머랭으로 머리를, 빨강과 초록으로 꽃을 짠다.

4. 산타 흰색, 살색, 분홍색, 빨간색, 머랭을 준비한다.

1. 흰 머랭을 둥근 원모양으로 짜고 그 안에 분홍색 머랭을 원뿔 모양으로 짜서 몸통을 만든다.
2. 둥근 깍지로 원뿔을 빙 둘러 팔 모양을 짜고 끝 부분에 동그랗게 흰 머랭을 짜서 손을 만든다.
3. 산타의 얼굴을 만든다. 살색 머랭을 둥글고 넓적하게 짠 다음 아랫부분에 흰색 머랭으로 수염을 만든다.
4. 분홍색 머랭으로 모자를 만들고 눈, 코 등을 그린다.
5. 몸통에 머랭으로 얼굴을 붙인다.

POINT

마지팬은 준비가 용이할 뿐만 아니라 꽃만들기에서부터 여러 가지 조형물을 만드는 데 아주 적합한 재료이기 때문에 버터크림이나 머랭과 함께 출제 가능성이 매우 높은 데커레이션 소재이다.

1. 딸기

1. 마지팬을 손으로 빚어 딸기 모양으로 만들고 이쑤시개 다발로 꾹꾹 눌러 표면에 무늬를 낸다.
2. 에어브러시로 빨간색 색소를 분사한다.
3. 마지팬 스틱을 이용해 잎과 꼭지를 붙인다.

2. 바나나

1. 마지팬을 바나나 모양으로 길게 빚어 꼭지를 뺀 다음 마지팬 스틱으로 꼭지에 홈을 낸다.
2. 에어브러시로 연두색 색소를 분사한다.
3. 커피 농축액을 살짝 발라준다.

 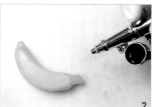 

3. 체리

1. 마지팬을 둥글린 다음 비닐을 씌워 홈을 만든다. 그리고 칼날 모양의 마지팬 스틱을 이용해 열십자로 길게 줄을 낸다.
2. 초록색으로 착색된 마지팬 안에 철심을 넣고 손바닥으로 비벼 체리 줄기를 만든다.
3. 에어브러시로 빨간색 색소를 분사한 다음 줄기를 꽂아 완성한다.

 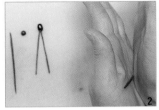 

4. 복숭아

1. 마지팬을 둥글려 복숭아 모양으로 만든 다음 칼날 모양의 마지팬 스틱으로 복숭아의 밑부분에서부터 위쪽으로 길게 홈을 낸다.
2. 에어브러시로 빨간색 색소를 분사한다.
3. 콘스타치를 붓에 묻혀 ②에 살짝 칠한 다음 잎을 만들어 붙여 완성한다.

5. 강아지

1. 흰 반죽 60g으로 한쪽은 둥글고 한쪽은 길쭉한 모양의 몸통을 빚는다. 길쭉한 쪽의 한가운데를 길게 가른 후 칼자국이 난 평평한 면이 바닥으로 오도록 안쪽으로 비틀어 모양을 잡고 발가락 모양을 낸다.
2. ①에 뒷다리 허벅지 모양을 낸다.
3. 뒷다리를 만들어 붙인다.
4. 흰 반죽 20g으로 머리 모양을 빚는다.
5. 입을 가르고 윗부분에는 세로로 입술 자국을 낸다.
6. 콧등에 주름자국을 내고 눈 자국을 낸 다음 귀를 만들어 붙인다.
7. ⑥을 몸통에 붙인다.

8. 흰 반죽으로 꼬리를 만들어 붙이고, 까만 반죽과 빨간 반죽으로 각각 코와 혓바닥을 만들어 붙인다.

9. 로열 아이싱과 가나슈로 눈을 그리고 에어브러시로 색을 입혀 마무리한다.

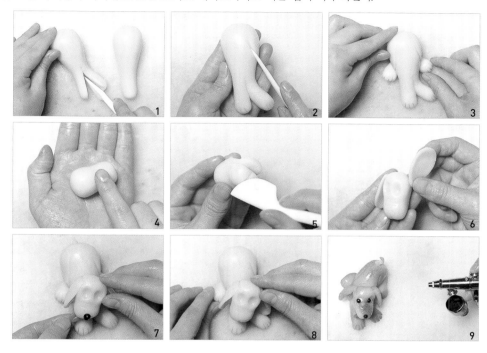

6. 돼지

1. 분홍색 반죽 40g으로 돼지 몸통을 빚는다. 입을 가른 후 모양을 다듬는다.

2. 머리가 둥근 봉으로 콧구멍 자국을 내고, 콧등에는 주름 모양을 낸다.

3. 발가락이 두 개로 갈라진 돼지 발을 만든다.

4. 넓적하고 오목한 모양의 귀를 만든다.

5. 발과 귀를 각각의 적당한 위치에 붙이고 꼬리를 만들어 붙인 후 로열 아이싱과 가나슈로 눈을 그린다.

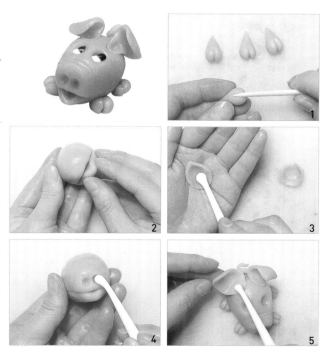

7. 수닭

1. 흰 반죽 30g을 원추형으로 둥글린 후 끝부분을 뾰족하고 휘듯이 잡아빼 몸통을 빚는다.
2. 점점 두꺼워지도록 늘인 흰 반죽을 세 개씩 붙여 날개를 만든다.
3. 날개를 몸통에 붙이고 꼬리를 만들어 붙인다.
4. 빨간 반죽으로 벼슬을 만들어 붙인다.
5. 검은 반죽으로 눈을 만들어 붙인다.

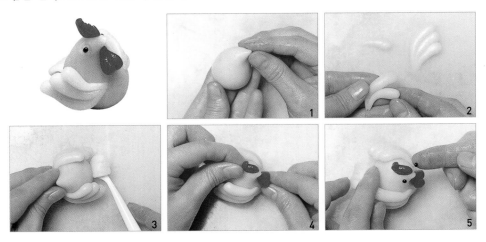

8. 곰

1. 갈색 반죽 42g을 둥글려 몸통을 빚고, 흰 반죽을 얇게 밀어 펴 배 한가운데에 붙인다.
2. 팔과 다리를 만들어 붙인다.
3. 25g의 갈색 반죽으로 머리를 빚고, 얇게 밀어 편 흰 반죽을 입 부분에 붙인다. 그 한가운데에 홈을 내 입을 만들고 윗입술을 가른다.
4. 눈 자국을 내고 갈색 반죽과 검은색 반죽으로 각각 귀와 코를 만들어 붙인다.
5. 머리 부분을 몸통에 붙이고 로열 아이싱과 가나슈로 눈을 그려 완성한다.

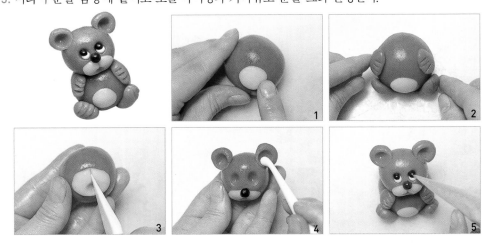

POINT

슈반죽으로 만들 수 있는 조형물에는 백조를 비롯한 조류와 각종 애완동물, 바나나와 같은 과일류 등이 있으나 최근에는 조형물보다는 슈제품 자체의 모양내기에 주로 이용된다.

● 백조

1. 큰 별 모양깍지를 끼운 짤주머니에 슈 반죽을 채워 넣고 철판에 백조의 몸통부분을 짠다.
2·3. 직경 0.3cm의 원형 모양깍지를 끼운 짤주머니에 슈 반죽을 넣고 각각 다른 철판에 백조의 머리, 목 부분을 짠다.
4. 구워진 슈를 냉각시켜 몸통부분은 몸통과 날개로 나누어 자른 후 날개 부분은 다시 반으로 나누어 자른다.
5. 커스터드 크림을 몸통 부분의 안쪽에 절반 정도 짜 넣는다. 생크림을 별 모양깍지 끼운 짤주머니를 이용하여 앞의 커스터드 크림 위에 수북히 짜 넣는다. 마지막으로 몸통 양쪽으로 날개를 붙이고 머리와 목 부분을 붙여 백조를 완성한다.

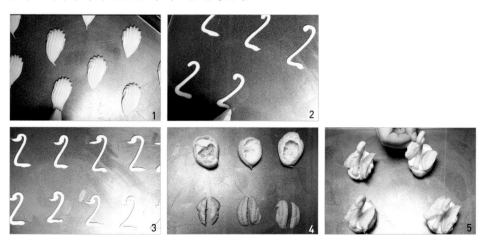

아크릴판에서 먼저 파이핑 연습을 할 때는 먼저 밑그림을 준비해 그대로 그려보는 것이 좋다. 또한 중간에 크림을 짜면서 일정한 모양을 그려 나가다가 끊기는 실수를 범하기 쉬우므로 특히 주의해야 한다. 이때는 속도와 힘이 일치되어야 똑같은 굵기의 선을 그대로 유지할 수 있다. 또 만약 선이 끊어지게 될 경우에는 그 위에 덧짜는 형태로 끊겨진 부분을 커버해준다. 복잡한 선모양을 그려 나갈 때는 밀어 올리듯이 당기는 느낌으로 선을 이어주는 것이 작업하는 데 편리하다.

모양깍지를 끼우는 짤주머니일 경우에는 그 끝을 칼, 가위 모두를 이용해 잘라서 사용해도 좋으나 선이 매우 가는 짤주머니를 이용할 경우에는 잘드는 가위를 이용해 단번에 끝을 잘라버려야 한다. 그러나 좋지 않은 가위는 눌린 상태에서 짤주머니의 끝이 잘리므로 그것을 이용해 동그라미를 그릴 경우 동그란 형태보다는 럭비공과 같이 눌린 타원형 형태가 만들어지기 쉽다. 또 칼을 이용해 자를 경우 파도 모양이나 선이 끊어질 소지가 있다.

● 로얄 아이싱을 이용한 데커레이션 연습

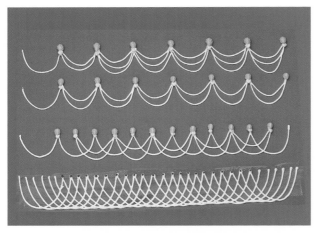

우선 원하는 간격을 표시한 후 짤주머니의 끝을 오른쪽으로 약간 비스듬히 눕힌 상태로 짜나간다. 길이와 폭이 일정하도록 주의해 그린다.
이 기법은 케이크의 측면 장식에 자주 사용됨으로 항상 늘어진 줄이 일정하도록 연습해 둘 필요가 있다. (원형모양깍지 1호~3호)

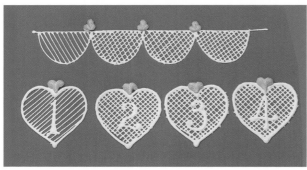

원하는 간격을 일정하게 표시한 후 선작업을 한다. 그 다음 안을 대각선무늬로 메꾼다. 이때 한방향으로 선을 그은 다음에 반대 방향으로 같은 간격만큼 긋는다. 둘레는 구슬을 꿴 형태로 장식해 마무리한다.

● 가는 짤주머니를 이용한 데커레이션 연습

가는 짤주머니는 매우 세밀한 부분까지 표현할 수 있으므로 어느 정도 사용하면 다시 새 것을 이용해 짜주는 것이 좋다. 케이크 표면에 데커레이션을 할 때는 너무 가까이 얼굴을 대고 그리지 말고 어느 정도 간격을 두어 전체적인 균형을 볼 수 있는 위치에서 그려 나가는 것이 좋다.

일반적인 그림은 겹쳐짜는 것이 불가능하나 곡선의 그림을 표현할 때 겹치듯이 그리면 새로운 느낌을 준다. 브로치 등의 모양을 딴 주물을 이용해 여기에 초콜릿을 부어 일정한 모양의 세공물을 만들어 평면으로 장식한 버터 케이크에 함께 곁들이면 더욱 고급스런 제품을 만들 수 있다.

● 기타 케이크 데커레이션 연습

● 각종 선짜기와 문양 연습

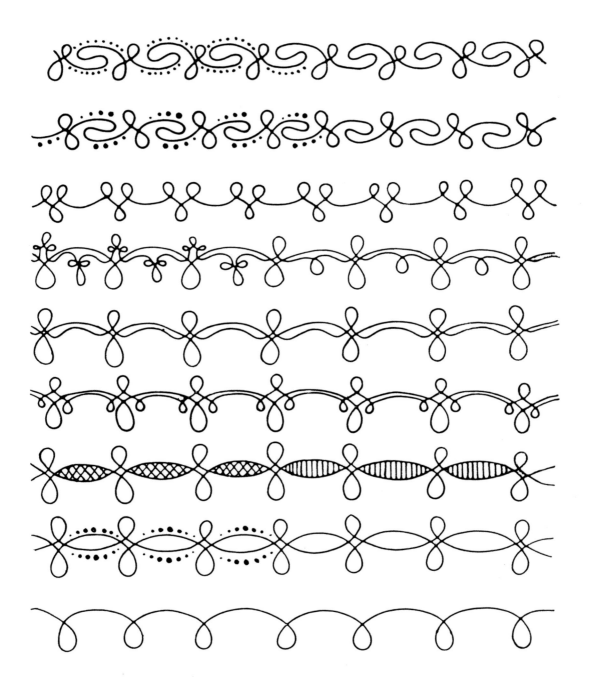

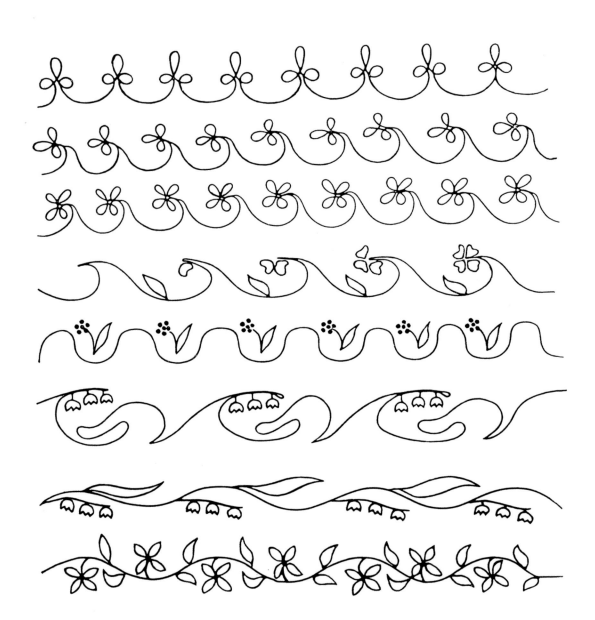

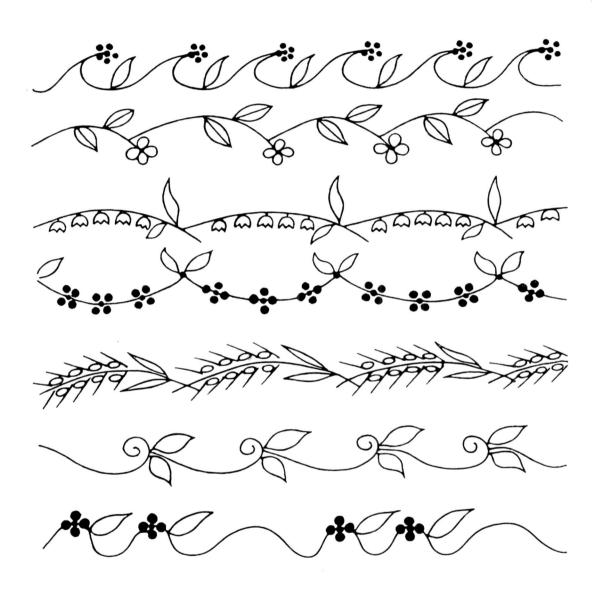

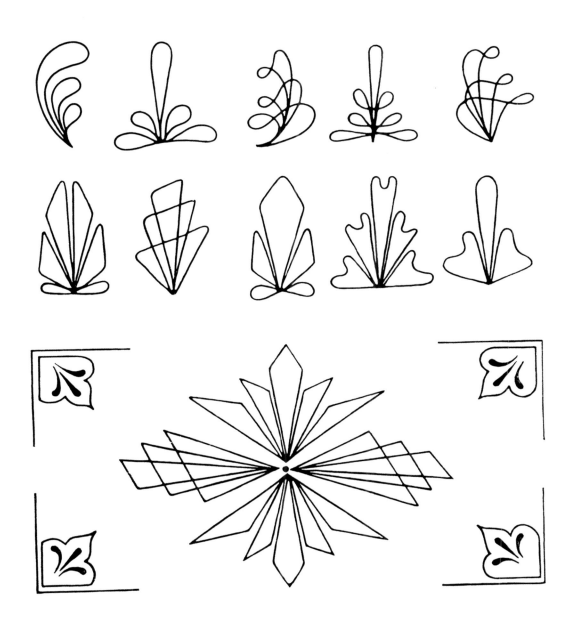

NCS(국가직무능력표준)
능력자격기준에 따른 제과제빵 수준별 평가 _ 일학습 병행제 학습모듈 사례

이 자격기준 및 평가방법은 2015년까지 개발된 일학습병행제 학습모듈에 따른 것입니다. 일선교육기간과 일반 제과제빵기능사·기능장을 위한 NCS 新자격기준은 2017년 이후부터 시행되고 있습니다.

국가직무능력표준(NCS) 기반 신(新) 자격 종목별 능력 단위 선정표

NCS 세분류	능력단위	자격종목					
		제빵사 L3			제빵사 L5		
		필수	선택적 필수	선택	필수	선택적 필수	선택
제빵	빵류 제품개발				√		
	빵류 재료혼합	√					√
	빵류 반죽발효	√					√
	빵류 반죽성형	√					√
	빵류 반죽익힘	√					√
	빵류 제품 마무리	√					√
	냉동빵 가공			√			√
	빵류 제품 품질관리			√	√		
	위생 안전 관리	√					√
	빵류 재료 구매 관리			√	√		
	빵류 매장관리				√		
	빵류 베이커리 경영						√

NCS 세분류	능력단위	자격종목					
		제과사 L3			제과사 L5		
		필수	선택적 필수	선택	필수	선택적 필수	선택
제과	과자류 제품개발				√		
	과자류 재료혼합	√					√
	과자류 반죽성형	√					√
	과자류 반죽익힘	√					√
	과자류 제품 포장	√					√
	과자류 제품 저장유통			√			√
	과자류 제품 품질관리			√	√		
	위생 안전 관리	√					√
	과자류 재료 구매 관리			√	√		
	과자류 매장 관리				√		
	과자류 베이커리 경영						√

제빵 평가방법 Worksheet

1. L3(레벨 3)

•일반 목표 : 제한된 권한 내에서 제빵분야의 기초이론 및 일반지식을 사용하여 다소 복잡한 작업지시서에 따라 제시된 배합표의 재료를 계량하여 혼합하고 발효하여, 반죽을 제시된 모양으로 성형하고 익힌 후, 윗면에 토핑을 하거나 또는 글레이즈를 바르는 등의 마무리를 하여 포장하는 직무와 작업장 및 개인의 위생과 안전관리 직무를 대부분 수행할 수 있다.

•세부 목표

1. 작업지시서에 따라 재료를 계량하고, 혼합하며, 발효할 수 있다.
2. 발효된 반죽을 성형하고, 익혀서 마무리를 할 수 있다.
3. 제조공정과 개인의 위생 및 안전관리를 할 수 있다.

•평가 방법

능력단위명	평가방법	평가내용
빵류 재료 혼합	- 서술형(지필) - 평가자체크리스트 (실무)	- 사용수(水) 온도 계산의 검증 능력 - 계량 시 저울의 사용 능력 - 배합비율과 정확한 재료의 사용 능력 - 반죽혼합 시 능력단위요소의 제조 능력 - 반죽혼합 시 흡수율과 반죽의 물성 확인 능력 - 반죽혼합 시 반죽형성단계 확인 능력 [1. 반죽형성 초기단계 2. 반죽형성 중기단계 3. 반죽형성 후기단계] - 반죽혼합 시 반죽의 온도관리 능력 - 반죽혼합의 연속작업 시 작업순서의 적절성과 숙련도 - 반죽혼합 시 혼합기의 사용 능력 - 반죽혼합 시 계량시간, 혼합 시간 조절 능력
빵류 반죽 발효	- 서술형(지필) - 평가자체크리스트 (실무)	- 발효 시 제품에 따른 적정한 발효온도 및 습도 이해 능력 - 발효의 완료시점을 파악할 수 있는 능력 - 다양한 발효에서 각종 제품과 효모종, 발효법에 대한 이해 능력 - 발효 시 모든 업무를 위생적으로 수행 능력

빵류
반죽 성형
	○ 서술형(지필)
	○ 평가자체크리스트
	(실무)
		- 분할량에 따른 신속한 분할 능력
		- 둥글리기 시 반죽의 크기에 따른 둥글리기 능력
		- 표면이 매끈하게 둥글리는 능력
		- 자른면의 점착성을 감소시키고 탄력을 유지시키는 능력
		- 덧가루의 사용을 최소화하여 반죽표면을 촉촉하게 하는 능력
		- 반죽크기에 따라 반죽간격과 둥글리는 순서대로 정렬하는 능력
		- 반죽이 서로 달라붙지 않고 표면이 마르지 않게 유지하는 능력
		- 밀대를 이용하여 일정한 두께로 가스를 빼내 내부 기공을
		  균일하게 하는 능력
		- 제품의 특성에 따라 표면이 찢어지지 않게 말기, 꼬기, 접기,
		  비비기를 할 수 있는 능력
		- 2차 발효나 굽기 과정에 터지는 것을 방지하기 위해 이음매를
		  봉하는 능력
		- 성형과정 중 충전물을 이용하여 싸기, 바르기, 짜기, 넣기를
		  할 수 있는 능력
		- 패닝 시 알맞은 양을 패닝할 수 있는 능력
		- 2차 발효 또는 굽기 시 서로 붙지 않고 색이 골고루 날 수 있게
		  적당한 간격으로 패닝할 수 있는 능력

빵류 반죽 익힘	- 서술형(지필) - 평가자체크리스트 (실무)	- 기기 작동 원리 및 조작 능력 - 빵 제품별 적합한 온도, 시간, 습도, 압력 설정 능력 - 익히는 과정의 관리 능력 - 완제품의 색상 및 익힘 능력 - 청결한 위생상태 유지 능력
빵류 제품 마무리	- 서술형(지필) - 평가자체크리스트 (실무)	- 충전물, 토핑물의 배합비율 설정 능력 - 충전물, 토핑물의 생산량 검증 능력 - 충전물, 토핑물 제조공정의 적정여부 - 충전물, 토핑물의 혼합상태 및 순서에 대한 이해 - 충전물, 토핑물의 반죽 구현 능력 - 충전물, 토핑물의 농도, 당도, 색도 실현 능력 - 충전물, 토핑물의 맛, 품질 구현 능력 - 충전물, 토핑물의 유통기한 검토 능력 - 비포장 제품과 포장제품의 표면 전처리 능력 - 비포장 제품진열시 식품지, 식품용 용기사용 능력 - 포장재료의 위생상태 확인 능력 - 포장재 크기 및 용도 검증 능력 - 완벽한 포장 완료 상태 구현 능력 - 진열위치 구현 능력 - 진열기준(온도, 습도, 장소) 점검능력

빵류 제품 위생안전 관리	- 서술형(지필) - 평가자체크리스트 (실무)	- 식품위생법에 대한 이해 능력 - 개인위생에 대한 이해 능력 - 환경위생에 대한 이해 능력 - 기기관리 및 고장수리에 대한 이해 능력 - 공정관리, 위해요소 및 중요관리점에 대한 이해 능력
냉동 빵류 가공	- 서술형(지필) - 평가자체크리스트 (실무)	- 배합비율과 정확한 재료의 사용 능력 - 반죽혼합 시 반죽형성 능력 - 반죽혼합 시 반죽의 온도관리 능력 - 반죽의 분할량이나 성형구현 능력 - 성형반죽의 급속냉동 및 냉동보관 조건(온도, 시간) 확인 능력 - 냉동반죽의 포장 능력 - 냉동반죽의 해동, 발효 공정조건(온도, 습도, 시간) 구현 능력 - 냉동반죽의 굽기 조건(온도, 시간, 스팀 등) 구현 능력
빵류 제품 재료 구매관리	- 서술형(지필) - 문제해결시나리오 (지필) - 구두발표(실무) - 평가자질문(실무)	- 주방 관리와 중복 되지 않게 관리하는 능력 - 지속적 손익 타당성을 검증하는 능력 - 고객의 요구에 의거하여 요소별 적정성 파악 능력 - 유사 업체와의 인테리어, 청결도, 안전도 등을 비교 분석, 평가하는 능력 - 철저한 상품관리로 계절별 컴플레인 사항 분석 조치하는 능력 - 재고 관리, 발주 관리 능력 - 판매 관리비와 마진 관리, 로스 및 폐기 관리 능력
빵류 제품 품질관리	- 서술형(지필) - 문제해결시나리오 (지필) - 구두발표(실무) - 평가자체크리스트 (실무)	- 생산제품의 품질평가 능력 - 품질의 최종 판정자는 소비자이므로 고객을 고려하는 능력 - 품질관리 검사방법 선택 능력 - 전체적인 품목검사 시 장·단점을 파악하는 능력 - 발취검사의 장·단점을 파악하는 능력 - 품질관리 지침서에 따라 수행하는 능력 - 품질이상 시 문제해결 능력

2. L5(레벨 5)

• 일반 목표 : 포괄적인 권한 내에서 제빵분야의 이론 및 지식을 사용하여 매우 복잡하고 비일상적인 과업을 수행하고, 고객의 요구에 부합하고 베이커리사업의 이익에 기여할 수 있는 제품을 개발하여 합리적인 수준으로 재료를 구매하고 품질을 관리하며 매장관리를 할 수 있다.

• 세부 목표

1. 고객니즈에 부합하고 베이커리 사업의 이익에 기여할 수 있는 합리적인 수준의 시제품을 기획, 제조, 평가하며 매장을 합리적으로 관리할 수 있다.
2. 고객니즈에 부합하는 품질 목표를 달성하기 위하여 품질기획, 품질검사, 품질개선활동을 수행할 수 있다.
3. 제빵에 필요한 양질의 원재료, 부재료, 설비등을 적기에 공급하기 위하여 최소한의 비용으로 구입할 수 있다.

• 평가 방법

능력단위명	평가방법	평가내용
빵류 제품 개발	- 서술형(지필) - 문제해결시나리오 (지필) - 평가자체크리스트 (실무) - 구두발표(실무)	- 과거 제품개발 사례와 중복되는 부분은 없는지 검증 능력 - 제품개발 타당성에 대한 검증 능력 - 고객니즈, 타깃, 제품콘셉트에 부합하는지의 구현 능력 - 국내·외 환경(소비 트렌드/추세) 및 정책 변화의 흐름에 맞는지 반영 능력 - 판매수량 및 소요 예산, 제조원가의 적정성 분석 능력 - 운용 인력, 생산설비, 기존 기술의 타당성에 대한 검증 능력 - 관련 부서의 요구사항이 충분히 반영되었는지 검증 능력 - 추진 일정의 적절성 판단 능력 - 문서 작성 능력 - 요구사항 청취 및 이해 능력 - 유관 부서와의 회의 진행 능력 - 갈등 발생 시 조정 능력 - 투자비용 대비 효과 분석 능력 - 사업목표에 대한 파악 능력
빵류 제품 품질 관리	- 서술형(지필) - 문제해결시나리오 (지필) - 평가자체크리스트 (실무) - 구두발표(실무)	- 생산제품의 품질평가 능력 - 품질의 최종 판정자는 소비자이므로 고객을 고려하는 능력 - 품질관리 검사방법 선택 능력 - 전체적인 품목검사 시 장·단점을 파악하는 능력 - 발취검사의 장·단점을 파악하는 능력 - 품질관리 지침서에 따라 수행하는 능력 - 품질이상 시 문제해결 능력

빵류 재료 구매 관리	- 서술형(지필) - 문제해결시나리오 (지필) - 평가자 질문(실무) - 구두발표(실무)	- 주방 관리와 중복 되지 않게 관리하는 능력 - 지속적 손익 타당성을 검증하는 능력 - 고객의 요구에 의거하여 요소별 적정성 파악 능력 - 유사 업체와의 인테리어, 청결도, 안전도 등을 비교 분석, 평가하는 능력 - 철저한 상품관리로 계절별 컴플레인 사항 분석 조치하는 능력 - 재고 관리, 발주 관리 능력 - 판매 관리비와 마진 관리, 로스 및 폐기 관리 능력
빵류 제품 매장 관리	- 서술형(지필) - 문제해결시나리오 (지필) - 구두발표(실무) - 역할연기(실무)	- 주방 관리와 중복 되지 않게 관리하는 능력 - 지속적 손익 타당성 검증 능력 - 고객의 요구에 의거하여 요소별 적정성 확인 능력 - 유사 업체와의 인테리어, 청결도, 안전도 등을 비교 분석하여 평가하는 능력 - 철저한 상품관리로 계절별 컴플레인 사항 점검 능력 - 재고 관리, 발주 관리 검증 능력 - 판매 관리비와 마진 관리, 로스 및 폐기관리 능력
빵류 제품 베이커리 경영	- 서술형(지필) - 문제해결시나리오 (지필) - 구두발표(실무) - 평가자질문(실무)	- 베이커리 경영목표에 대한 이해도 - 수요예측의 기법에 대한 지식 - 생산계획 수립 방법에 대한 지식 - 상권분석 방법에 대한 이해와 활용 - 다양한 베이커리 마케팅 지식 - 고객니즈조사 설문 구성 능력 - 재무회계규정에 의한 수입과 지출의 편성 능력 - 예산 및 실적에 대한 분석 능력 - 수입과 지출의 증빙서류와 정확한 금액 산정 능력 - 제무제표를 분석하는 능력과 그 결과를 해석하고 활용하는 능력
빵류 재료 혼합	- 서술형(지필) - 평가자체크리스트 (실무)	- 사용수(水) 온도 계산의 검증 능력 - 계량 시 저울의 사용 능력 - 배합비율과 정확한 재료의 사용 능력 - 반죽혼합 시 능력단위요소의 제조 능력 - 반죽혼합 시 흡수율과 반죽의 물성 확인 능력 - 반죽혼합 시 반죽형성단계 확인 능력 (1. 반죽형성 초기단계 2. 반죽형성 중기단계 3. 반죽형성 후기단계) - 반죽혼합 시 반죽의 온도관리 능력 - 반죽혼합의 연속작업 시 작업순서의 적절성과 숙련도 - 반죽혼합 시 혼합기의 사용 능력 - 반죽혼합 시 계량시간, 혼합 시간 조절 능력
빵류 반죽 발효	- 서술형(지필) - 평가자체크리스트 (실무)	- 발효 시 제품에 따른 적정한 발효온도 및 습도 이해 능력 - 발효의 완료시점을 파악할 수 있는 능력 - 다양한 발효에서 각종 제품과 효모종, 발효법에 대한 이해 능력 - 발효 시 모든 업무를 위생적으로 수행 능력

빵류
반죽 성형
	- 서술형(지필)
	- 평가자체크리스트
	(실무)
		- 분할량에 따른 신속한 분할 능력
		- 둥글리기 시 반죽의 크기에 따른 둥글리기 능력
		- 표면이 매끈하게 둥글리는 능력
		- 자른면의 점착성을 감소시키고 탄력을 유지시키는 능력
		- 덧가루의 사용을 최소화하여 반죽표면을 촉촉하게 하는 능력
		- 반죽크기에 따라 반죽간격과 둥글리는 순서대로 정렬하는 능력
		- 반죽이 서로 달라붙지 않고 표면이 마르지 않게 유지하는 능력
		- 밀대를 이용하여 일정한 두께로 가스를 빼내 내부 기공을 균일하게 하는 능력
		- 제품의 특성에 따라 표면이 찢어지지 않게 말기, 꼬기, 접기, 비비기를
		  할 수 있는 능력
		- 2차 발효나 굽기 과정에 터지는 것을 방지하기 위해 이음매를 봉하는 능력
		- 성형과정 중 충전물을 이용하여 싸기, 바르기, 짜기, 넣기를 할 수 있는 능력
		- 패닝 시 알맞은 양을 패닝할 수 있는 능력
		- 2차 발효 또는 굽기 시 서로 붙지 않고 색이 골고루 날 수 있게 적당한
		  간격으로 패닝할 수 있는 능력

빵류 반죽 익힘	- 서술형(지필) - 평가자체크리스트 (실무)	- 기기 작동 원리 및 조작 능력 - 빵 제품별 적합한 온도, 시간, 습도, 압력 설정 능력 - 익히는 과정의 관리 능력 - 완제품의 색상 및 익힘 능력 - 청결한 위생상태 유지 능력
빵류 제품 마무리	- 서술형(지필) - 평가자체크리스트 (실무)	- 충전물, 토핑물의 배합비율 설정 능력 - 충전물, 토핑물의 생산량 검증 능력 - 충전물, 토핑물 제조공정의 적정여부 - 충전물, 토핑물의 혼합상태 및 순서에 대한 이해 평가방법 평가내용 - 충전물, 토핑물의 반죽 구현 능력 - 충전물, 토핑물의 농도, 당도, 색도 실현 능력 - 충전물, 토핑물의 맛, 품질 구현 능력 - 충전물, 토핑물의 유통기한 검토 능력 - 비포장 제품과 포장제품의 표면 전처리 능력 - 비포장 제품진열시 식품지, 식품용 용기사용 능력 - 포장재료의 위생상태 확인 능력 - 포장재 크기 및 용도 검증 능력 - 완벽한 포장 완료 상태 구현 능력 - 진열위치 구현 능력 - 진열기준(온도, 습도, 장소) 점검능력
빵류 제품 위생안전 관리	- 서술형(지필) - 평가자체크리스트 (실무)	- 식품위생법에 대한 이해 능력 - 개인위생에 대한 이해 능력 - 환경위생에 대한 이해 능력 - 기기관리 및 고장수리에 대한 이해 능력 - 공정관리, 위해요소 및 중요관리점에 대한 이해 능력
냉동 빵류 가공	- 서술형(지필) - 평가자체크리스트 (실무)	- 배합비율과 정확한 재료의 사용 능력 - 반죽혼합 시 반죽형성 능력 - 반죽혼합 시 반죽의 온도관리 능력 - 반죽의 분할량이나 성형구현 능력 - 성형반죽의 급속냉동 및 냉동보관 조건(온도, 시간) 확인 능력 - 냉동반죽의 포장 능력 - 냉동반죽의 해동, 발효 공정조건(온도, 습도, 시간) 구현 능력 - 냉동반죽의 굽기조건(온도, 시간, 스팀 등) 구현 능력

제과 평가방법 Worksheet

1. L3(레벨 3)

• 일반 목표 : 제한된 권한 내에서 제과분야의 기초이론 및 일반지식을 사용하여 제시된 배합표의 재료를 계량하여 전처리하고 반죽하여 패닝하고 익히는 생산작업과 작업장 및 개인위생과 안전관리를 대부분 할 수 있다.

• 세부 목표

1. 작업지시서(배합표)에 따라 재료를 계량하고, 제품에 적합한 혼합을 할 수 있다.
2. 작업지시서에 따라 반죽을 패닝하거나 성형하여 굽기를 하고 마무리를 할 수 있다.
3. 제조공정 및 개인의 위생과 안전관리를 할 수 있다.

• 평가 방법

능력단위명	평가방법	평가내용

과자류
재료 혼합
	- 서술형(지필)
	- 평가자체크리스트
	(실무)
		- 계량이나 반죽 시 작업장 주위 정리 정돈 및 개인, 환경 위생적인
		  작업 준비 능력
		- 작업지시서를 통한 제조공정을 숙지하고 작업하는 능력
		- 작업지시서를 통한 혼합 시 각종 재료의 온도를 체크, 유지,
		  관리하는 능력
		- 작업지시서를 통한 혼합순서를 준수하는 능력
		- 작업지시서를 통한 작업장의 온도를 관리하는 능력
		- 작업지시서를 통한 반죽순서를 숙지 후 작업하는 능력
		- 작업지시서를 통한 반죽 시 전처리반죽, 충전물반죽을 먼저
		  준비하는 능력
		- 작업지시서를 통한 반죽 시 각종 재료의 온도를 체크, 유지,
		  관리하는 능력
		- 작업지시서를 통한 반죽순서를 준수하는 능력
		- 작업지시서를 통한 반죽 시 반죽온도, 재료온도, 비중 등을
		  체크하며 작업하는 능력
		- 작업지시서를 통한 반죽 후 완성된 반죽, 전처리, 충전물 등의
		  품질을 체크하는 능력

과자류 반죽 정형	- 서술형(지필) - 평가자체크리스트 (실무)	- 성형 시 작업장 주위 정리 정돈 및 개인, 환경 위생적인 작업 준비 능력 - 작업지시서를 통한 성형공정을 숙지하고 작업하는 능력 - 작업지시서를 통한 성형 시 각종 재료의 상태를 점검, 유지, 관리 등을 하는 능력

과자류 반죽 익힘	- 서술형(지필) - 평가자체크리스트 [실무]	- 기기 작동 원리 및 조작 능력 - 제과 제품별 적합한 온도, 시간, 습도, 압력 등 설정 능력 - 익히는 과정의 관리 능력 - 완제품의 색상 및 익힘 능력 - 청결한 위생상태 유지 능력
과자류 제품 포장	- 서술형(지필) - 평가자체크리스트 [실무]	- 제품의 가치, 안전성, 위생성을 고려한 포장 능력 - 회사의 정책방향 추진과 부합하는 포장 능력 - 작업자의 숙련도 및 자세 - 현 시장 추세에 맞는 포장 능력 - 포장의 기대 효과 예측 능력 - 효율적인 포장 운용 방안 도출 능력
과자류 제품 위생안전 관리	- 서술형(지필) - 평가자체크리스트 [실무]	- 식품위생법에 대한 이해 능력 - 개인위생에 대한 이해 능력 - 환경위생에 대한 이해 능력 - 기기관리 및 고장수리에 대한 이해 능력 - 공정관리, 위해요소 및 중요관리점에 대한 이해 능력
과자류 제품 저장유통	- 서술형(지필) - 평가자질문(실무)	- 제과재료에 대한 기본 지식의 이해 능력 - 제과재료에 대한 보관방법과 온도, 습도관리에 대한 지식 - 완제품에 대한 보관방법과 온도, 습도관리에 대한 지식 - 저장 중 불량재료에 대한 처리 및 관리 능력 - 선입선출에 대한 재료의 관리 능력 - 저장 재료의 표본검수에 대한 능력
과자류 제품재료 구매 관리	- 서술형(지필) - 문제해결시나리오 [지필] - 구두발표(실무) - 평가자질문(실무)	- 주방 관리와 중복 되지 않게 관리하는 능력 - 지속적 손익 타당성을 검증하는 능력 - 고객의 요구에 의거하여 요소별 적정성 파악 능력 - 유사 업체와의 인테리어, 청결도, 안전도 등을 비교 분석, 평가하는 능력 - 철저한 상품관리로 계절별 컴플레인 사항 분석 조치하는 능력 - 재고 관리, 발주 관리 능력 - 판매 관리비와 마진 관리, 로스 및 폐기 관리 능력
과자류 제품 품질관리	- 서술형(지필) - 문제해결시나리오 [지필] - 구두발표(실무) - 평가자체크리스트 [실무]	- 생산제품의 품질평가 능력 - 품질의 최종 판정자는 소비자이므로 고객을 고려하는 능력 - 품질관리 검사방법 선택 능력 - 전체적인 품목검사 시 장·단점을 파악하는 능력 - 발취검사의 장·단점을 파악하는 능력 - 품질관리 지침서에 따라 수행하는 능력 - 품질이상 시 문제해결 능력

2. L5(레벨 5)

- 일반 목표 : 포괄적인 권한 내에서 제과분야의 이론 및 지식을 사용하여 매우 복잡하고 비 일상적인 과업을 수행하고 고객의 요구에 부합하고 베이커리사업의 이익에 기여할 수 있는 제품을 개발하여 합리적인 수준으로 재료를 구매하고 품질을 관리하며 매장관리를 하고, 타인에게 제과분야의 지식을 전달할 수 있다.

- 세부 목표
1. 고객 니즈에 부합하고 베이커리 사업의 이익에 기여할 수 있는 합리적인 수준의 시제품을 기획, 제조, 평가하며 매장을 합리적으로 관리할 수 있다.
2. 고객 니즈에 부합하는 품질 목표를 달성하기 위하여 품질기획, 품질검사, 품질개선활동을 수행할 수 있다.
3. 제과에 필요한 양질의 원재료, 부재료, 설비를 적기에 공급하기 위하여 최소한의 비용으로 구입할 수 있다.

- 평가 방법

능력단위명	평가방법	평가내용
과자류 제품 개발	- 서술형(지필) - 문제해결시나리오 (지필) - 평가자체크리스트 (실무) - 구두발표(실무)	- 과거 제품개발 사례와 중복되는 부분은 없는지 검증 능력 - 제품개발 타당성에 대한 검증 능력 - 고객니즈, 타깃, 제품콘셉트에 부합하는지의 구현 능력 - 국내·외 환경(소비 추세) 및 정책 변화의 흐름에 맞는지 반영 능력 - 판매수량 및 소요 예산, 제조원가의 적정성 분석 능력 - 운용 인력, 생산설비, 기존 기술의 타당성에 대한 검증 능력 - 관련 부서의 요구 사항이 충분히 반영되었는지 검증 능력 - 추진 일정의 적절성 판단 능력 - 문서 작성 능력 - 요구 사항 청취 및 이해 능력 - 유관 부서와의 회의 진행 능력 - 갈등 발생 시 조정 능력 - 투자비용 대비 효과 분석 능력 - 사업목표에 대한 파악 능력
과자류 제품 품질관리	- 서술형(지필), - 문제해결시나리오 (지필) - 평가자체크리스트 (실무) - 구두발표(실무)	- 생산제품의 품질평가 능력 - 품질의 최종 판정자는 소비자이므로 고객을 고려하는 능력 - 품질관리 검사방법 선택 능력 - 전체적인 항목검사 시 장·단점을 파악하는 능력 - 발취검사의 장·단점을 파악하는 능력 - 품질관리 지침서에 따라 수행하는 능력 - 품질이상 시 문제해결 능력

과자류
재료
구매 관리
	- 서술형(지필)
	- 문제해결시나리오
	  (지필)
	- 구두발표(실무)
	- 평가자질문(실무)
		- 주방 관리와 중복 되지 않게 관리하는 능력
		- 지속적 손익 타당성을 검증하는 능력
		- 고객의 요구에 의거하여 요소별 적정성 파악 능력
		- 유사 업체와의 인테리어, 청결도, 안전도 등을 비교 분석,
		  평가하는 능력
		- 철저한 상품관리로 계절별 컴플레인 사항 분석 조치하는 능력
		- 재고 관리, 발주 관리 능력
		- 판매 관리비와 마진 관리, 로스 및 폐기 관리 능력

과자류
제품
매장 관리
	- 서술형(지필)
	- 문제해결시나리오
	  (지필)
	- 구두발표(실무)
	- 역할연기(실무)
		- 주방 관리와 중복 되지 않게 관리하는 능력
		- 지속적 손익 타당성 검증 능력
		- 고객의 요구에 의거하여 요소별 적정성 확인 능력
		- 유사 업체와의 인테리어, 청결도, 안전도 등을 비교 분석하여
		  평가하는 능력
		- 철저한 상품관리로 계절별 컴플레인 사항 점검 능력
		- 재고 관리, 발주 관리 검증 능력
		- 판매 관리비와 마진 관리, 로스 및 폐기관리 능력

과자류 제품 베이커리 경영	- 서술형(지필) - 문제해결시나리오 (지필) - 구두발표(실무) - 평가자질문(실무)	- 베이커리경영목표에 대한 이해도 - 수요예측의 기법에 대한 지식 - 생산계획 수립 방법에 대한 지식 - 상권분석 방법에 대한 이해와 활용 - 다양한 베이커리 마케팅 지식 - 고객니즈조사 설문 구성 능력 - 재무회계규정에 의한 수입과 지출의 편성 능력 - 예산 및 실적에 대한 분석 능력 - 수입과 지출의 증빙서류와 정확한 금액 산정 능력 - 제무제표를 분석하는 능력과 그 결과를 해석하고 활용하는 능력

과자류
재료 혼합
	- 서술형(지필)
	- 평가자체크리스트
	  (실무)
		- 계량이나 반죽 시 작업장 주위 정리 정돈 및 개인, 환경 위생적인
		  작업 준비 능력
		- 작업지시서를 통한 제조공정을 숙지하고 작업하는 능력
		- 작업지시서를 통한 혼합 시 각종 재료의 온도를 체크, 유지,
		  관리하는 능력
		- 작업지시서를 통한 혼합순서를 준수하는 능력
		- 작업지시서를 통한 작업장의 온도를 관리하는 능력
		- 작업지시서를 통한 반죽순서를 숙지 후 작업하는 능력
		- 작업지시서를 통한 반죽 시 전처리반죽, 충전물반죽을 먼저
		  준비하는 능력
		- 작업지시서를 통한 반죽 시 각종 재료의 온도를 체크, 유지,
		  관리하는 능력
		- 작업지시서를 통한 반죽순서를 준수하는 능력
		- 작업지시서를 통한 반죽 시 반죽온도, 재료온도, 비중 등을 체크하며
		  작업하는 능력
		- 작업지시서를 통한 반죽 후 완성된 반죽, 전처리, 충전물 등의
		  품질을 체크하는 능력

과자류 반죽 성형	- 서술형(지필) - 평가자체크리스트 (실무)	- 성형 시 작업장 주위 정리 정돈 및 개인, 환경 위생적인 작업 준비 능력 - 작업지시서를 통한 성형공정을 숙지하고 작업하는 능력 - 작업지시서를 통한 성형 시 각종 재료의 상태를 점검, 유지, 관리 등을 하는 능력
과자류 반죽 익힘	- 서술형(지필) - 평가자체크리스트 (실무)	- 기기 작동 원리 및 조작 능력 - 제과 제품별 적합한 온도, 시간, 습도, 압력 등 설정 능력 - 익히는 과정의 관리 능력 - 완제품의 색상 및 익힘 능력 - 청결한 위생상태 유지 능력
과자류 제품 포장	- 서술형(지필) - 평가 체크리스트 (실무)	- 제품의 가치, 안전성, 위생성을 고려한 포장 능력 - 회사의 정책방향 추진과 부합하는 포장 능력 - 작업자의 숙련도 및 자세 - 현 시장 추세에 맞는 포장 능력 - 포장의 기대 효과 예측 능력 - 효율적인 포장 운용 방안 도출 능력
과자류 제품 위생안전 관리	- 서술형(지필), - 평가자체크리스트 (실무)	- 제과재료에 대한 기본 지식의 이해 능력 - 제과재료에 대한 보관방법과 온도, 습도관리에 대한 지식 - 완제품에 대한 보관방법과 온도, 습도관리에 대한 지식 - 저장 중 불량재료에 대한 처리 및 관리 능력 - 선입선출에 대한 재료의 관리 능력 - 저장 재료의 표본검수에 대한 능력
과자류 제품 저장유통	- 서술형(지필) - 평가자질문(실무)	- 제과재료에 대한 기본 지식의 이해 능력 - 제과재료에 대한 보관방법과 온도, 습도관리에 대한 지식 - 완제품에 대한 보관방법과 온도, 습도관리에 대한 지식 - 저장 중 불량재료에 대한 처리 및 관리 능력 - 선입선출에 대한 재료의 관리 능력 - 저장 재료의 표본검수에 대한 능력

제과제빵
실기특강